멸종위기 식물에
생명의 빛을

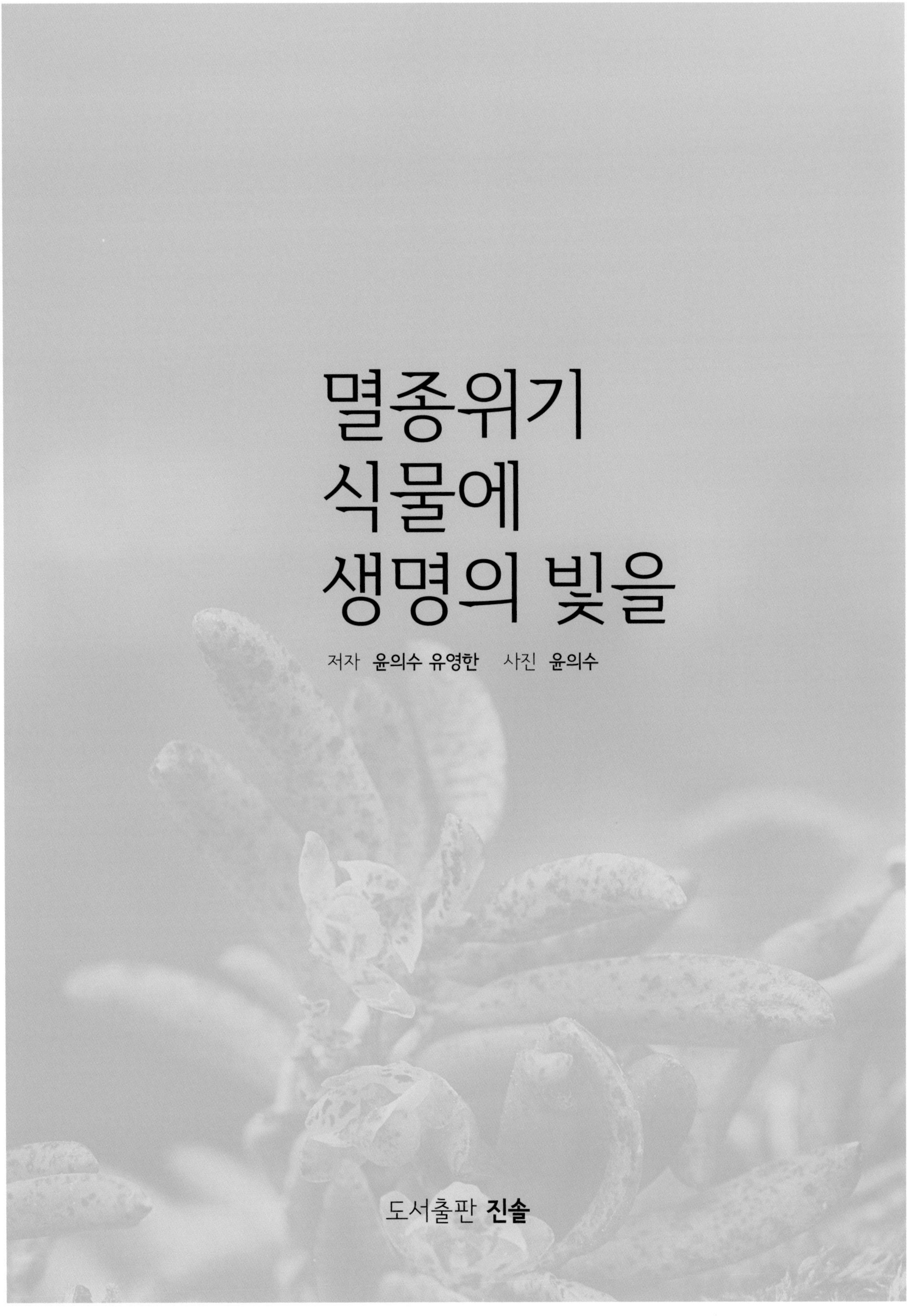

멸종위기 식물에 생명의 빛을

저자 **윤의수 유영한** 사진 **윤의수**

도서출판 **진솔**

멸종위기
식물에
생명의 빛을

지은이 | 윤의수 유영한
펴낸이 | 조진성
펴낸곳 | 도서출판 진솔

1판2쇄 인쇄 | 2015년 10월 1일
1판1쇄 인쇄 | 2014년 6월 25일
1판1쇄 발행 | 2014년 6월 30일

주소 | 서울특별시 중구 을지로16길 5-17 205호
(을지로3가, 태광빌딩)
전화 | 02-2272-2065
팩스 | 02-2267-3011

ISBN 978-89-87750-82-8 93480

값 | 30,000원

멸종 위기에 처해 있는
식물들은
우리에게 외치고 있었습니다.
우리에게 생명의 빛을
비추어 달라고…

자연을 다스려야 하는 우리 인간이
아름다운 꽃과 풀을 통해
더 안락하고 행복하게 살아갈 수 있는
힘과 지혜를 얻는 디딤돌이 되기를……

식물분류학을 전공하는 전문가가 아닌 식물세포학자가 틈나는 대로 좁은 실험실 공간을 떠나 산으로, 들로 꽃을 찾아 해맨지 어느덧 5 년이 넘었나 봅니다. 처음엔 그저 캠퍼스를 돌며 그 동안 보지 못했던 들풀과 꽃들이 들려주는 소리를 듣기 위하여 무릎을 꿇고, 허리를 굽히기 시작하였습니다. 그것이 어느덧 캠퍼스를 벗어나 발걸음의 폭이 커지기 시작하였고, 전국의 산과 들에서 살아가고 있는 많은 식물들과의 대면이 시작되었습니다.

그 과정에서 여러 가지 이유 때문에 많은 식물들이 우리의 땅, 혹은 지구상에서 사라져가기 직전의 운명에 처하여 있다는 사실을 알게 되었습니다. 그 중에서도 가장 먼저 환경부에서 지정한 멸종 위기 식물들을 대상으로 그들이 우리에게 외치는 소리를 들어보기로 하였습니다. 멸종 위기에 처해 있는 식물들은 우리에게 외치고 있었습니다. 우리에게 생명의 빛을 비추어 달라고. 그 음성들을 이 작은 책자에 모아 나만이 아닌 더 많은 사람들에게 들려주고 싶은 마음이 생겨 미력하나마 용기를 내게 되었습니다.

이 책에는 2012 년 환경부 지정 멸종 위기 육상 식물 1 급 9 종, 2 급 68 종과 관찰종 3 종, 그리고 2012 년 해제종 15 종 등 총 95 종의 식물에 대한 사진과 아울러 비교를 위해 각종마다 유사종의 사진을 함께 실었습니다. 학명은 원칙적으로 환경부 발표명으로 하였으며 기타 식물들은 산림청에서 주관하는 국가표준식물 목록명으로 작성하였습니다.

저는 분류학자도 아니고, 그렇다고 문학가도 아니고, 더더욱 사진 전문가도 아니기에 어쩌면 책의 내용이 이도 저도 아닌 것이 되어버리지 않았는가 하는 걱정도 듭니다. 그럼에도 불구하고 이 책을 계기로 하여 더 많은 사람들이 멸종 위기에 처해 있는 식물들이 외치는 소리를 들을 수 있고, 또 작은 관심을 더 가질 수 있다면, 그래서 멸종 위기 식물에게 생명의 빛을 조금이나마 비추어 줄 수만 있다면, 저는 그것으로 만족스럽게 생각하고자 합니다.

그러나 한편으로 멸종 위기 식물에게 생명의 빛을 비추어달라고 강조하면서도 오히려 나 자신이 그 빛을 가리고 있는 존재가 되어가고 있는지도 모르겠다는 우려도 하게 됩니다. 디지털 카메라의 전성시대와 더불어 많은 사람들의 손에 카메라가 쥐어지고, 그들이 촬영한 사진들을 개인 블로그나 카페에 올리면서 남보다 더 좋은 사진을 올리기 위해 해서는 안 되는 일을 하는 사람들이 점점 늘어나고 있습니다. 작년에 보았던 복주머니란이 올해는 보이지 않고, 아침에 올라갈 때 보았던 금강초롱의 모습이 내려 올 때에는 더욱 곱게 다듬어져 있고, 그 옆에는 미처 피지 못한 꽃망울이 땅바닥에서 뒹굴기도 하며, 더 멋진 배경을 만들기 위해 무참히 뽑히어 옮겨진 야생화들이 시들시들 말라가고 있는 모습들을 심심치 않게 볼 수 있습니다. 또한 숨겨져 있는 희귀 야생화들을 카메라에 담기 위해 출입금지 구역에 서슴지 않고 들어서는 사람도 종종 있습니다.

그 뿐이 아닙니다. 연구라는 명목 아래 많은 전문가들과 연구자들이 필요 이상의 식물들을 채취하기도 하고, 수목원 조성이라는 미명으로 더 많은 식물들이 그들의 자리에서 사라져 갑니다. 또한 자연보호라는 명분으로 이루어지는 개발 사업 때문에 많은 계곡이 넓은 길로 확장되고, 그에 따라 많은 식물들이 사라져 가기도 합니다. 저로서는 무엇이 옳고 무엇이 잘못된 건지, 어떻게 하는 것이 야생식물들에게 가장 좋은 방법인지 답을 얻기가 쉽지 않습니다.

어찌 보면 짧은 시간이었지만, 꽃들과의 대면을 위해 지나온 시간들을 거슬러 올라가 볼 때 참으로 힘들고 허황한 일도 많았습니다. 어디에 무슨 식물이 있는지 알지도 못하면서 무작정 산을 오르내리다 길을 잃어버려 당황했던 일, 이른 새벽 산길을 혼자 걷다가 눈앞에서 멧돼지와 맞닥뜨려 서로 혼비백산했던 일, 풀숲에서 수 미터가 되는 구렁이를 만나 꼼짝 못하고 나무기둥처럼 얼어붙었던 일, 하나의 꽃을 찾기 위해 수 백 미터의 산을 몇 번이나 오르내리기를 반복했던 일, 높은 산 정상에서 갑자기 폭우를 만나 평생에 맞을 비를 한 두 시간에 다 맞은 것 같은 일, 길가의 꽃 한 송이를 담기 위해 카메라 가방을 길가에 두고 사진을 촬영하다가 손에 든 카메라를 제외한 가방이 순식간에 사라져 허탈했던 일, 어딘가에 두고 온 가방을 찾아 한밤중 산속을 헤매던 시간들, 계곡의 절벽에서 미끄러져 카메라와 함께 통째로 물속에 내팽개쳐진 아찔했던 순간, 차가 들어갈 수 없는 절벽으로 들어가 차와 함께 낭떠러지로 떨어질까 가슴이 졸였던 일, 차를 앞으로 뒤로 수없이 박으며 애꿎은 범퍼만 몇 번이고 바꾸어야 했던 사건들, 이밖에도 이루 말할 수 없는 많은 일들이 주마등처럼 머리를 스쳐지나갑니다.

그럼에도 불구하고 사진을 담는 일을 포기할 수 없었던 것은, 크고 작은 꽃들을 대하는 순간 세상 모든 것을 잊고 오로지 꽃이 나에게 전해주는 나지막한 소리를 들으면서 그 꽃의 마음을 읽을 수 있는 즐거움과 행복이 있었기 때문입니다.

이 작은 책이 저 개인의 이런 즐거움과 행복을 넘어 많은 분들에게 세상살이에 지친 마음을 편안하게 해 주고, 아울러 자연을 다스려야 할 우리 인간이 저 아름다운 꽃과 풀을 통해 더 안락하고 행복하게 살아갈 수 있는 힘과 지혜를 얻는 디딤돌이 되기를 간절히 소망합니다.

2014 년 6 월

저자 **윤 의 수**

멸종위기 식물에 생명의 빛을

—

Contents

차례

—

1 장 : 멸종위기 육상식물 1 급

2 장 : 멸종위기 육상식물 2 급

3장 : 멸종위기 육상식물 관찰종

4장 : 멸종위기 육상식물 2012년 해제종

찾아보기

제1장

멸종위기 육상식물 1급

광릉요강꽃

난초과

Cypripedium japonicum Thunb.

광릉요강꽃은 낮은 산 숲속에 살며, 땅속줄기를 뻗어 증식한다. 땅속줄기 마디에서 지상으로 줄기를 내며 2장의 큰 잎이 마주나기로 달린다. 2장의 잎은 부채모양으로 방사상의 맥이 많으며 조밀하게 털이 있다. 5월에 줄기 끝에서 꽃줄기가 생겨 연한 녹색인 1개의 꽃을 피우며, 땅속줄기가 옆으로 길게 뻗고 마디에서 뿌리가 내린다. 복주머니란속은 꽃입술이 주머니처럼 되어있는 것이 특징이다. 또한 복주머니란속은 대체로 잎맥이 엽병의 앞끝에서 나와 도중에 넓어지며, 잎끝에서 합쳐지는데 반하여, 광릉요강꽃은 잎맥이 가장 넓어진 부분에서 잘리는 듯이 보인다.

마치 부채의 골격이나 주름치마와 같은 구조로, 란의 세계에서는 이단아라고 할 수 있다. 치마난초라고도하며, 연잎을 닮았다하여 연잎요강꽃이라고도 한다. 북한에서는 부채잎작란화라고 불리운다. 동종인 일본종은 한국종과 마찬가지로 무균 증식 및 육묘를 아직 성공하고 있지 못하나 근연종인 대만산의 *Cypripedium formosanum* 은 자생지에서는 거의 멸종상태이나 일본에서 영양번식 되어 유통되고 있으며, 우리나라에 들어오는 종들도 모두 대만요강꽃이라고 보면 된다. 대만요강꽃의 특징은 주머니같은 모양의 흰색 꽃에 짙은 자주색 점이 있는 꽃이

달린다.

요강꽃이라는 이름의 유래는 뿌리에서 지린내가 나며, 합죽선 모양으로 2개가 마주 난 것처럼 보이는 잎 사이에 신부방 병풍 뒤에 숨겨둔 요강 모양의 꽃을 피우는 데서 유래했다고 한다. 광릉은 500여 년간 수림이 잘 보존된 곳으로 광릉에서 처음 발견되어 붙여진 이름으로 광릉골무꽃, 광릉제비꽃 등 10여가지의 식물 이름에서 접두어로 사용되고 있다. '숲 속의 요정' 처럼 꽃의 자태는 참으로 요망스러우면서도 고고한 맛이 풍긴다.

송나라의 시인 동파(東坡) 소식(蘇軾)이 유배지의 절에서 우연히 만난 여승을 보면서 지은 시 속에 "자고가인다박명自古佳人多薄命"이라는 구절이 나온다. "여자의 용모가 너무 아름다우면 운명이 기박하다는 뜻이다" 요즈음엔 '미인단명' 이라고 쓰지만 박명은 반드시 수명이 짧은 것만을 의미하는 것이 아니라 미인은 불행해지기 쉽다는 것이 원래의 뜻이다. 실제로 박명한 미인들의 예는 적지 않다. 클레오파트라, 양귀비, 마릴린 먼로, 그리고 전 영국왕세자비 다이애나 등등... 광릉요강꽃도 '숲속의 요정' 처럼 너무나 아름다워 무릇 많은 사람들의 호기심과 탐욕에 의해 수난을 당해 환경부 지정 멸종위기식물 1급 보호종으로 지정되어 대부분이 철조망 속에서 사람과의 인연을 끊고 살아야 하는 기구한 운명이 되었다. 고가의 보석이나 너무 귀하고 아름다운 것들은 은행의 금고 속에 갇혀서 대부분의 시간을 보내야 하듯이.

대만요강꽃

일본요강꽃(熊谷草)

나도풍란

난초과
Sedirea japonica (L. Linden & Rchb.f.) Garay & H.R.Sweet

나도풍란은 남부 도서 지방과 제주도의 바위나 나무 줄기에 붙어서 사는 난초과 식물로 우리 나라 착생란의 대표적인 종이다. 뿌리는 굵으며 공기 중에 노출된 공기뿌리이다. 줄기는 짧고 마디사이가 좁으며 비스듬히 선다. 잎은 3~5개가 2줄로 달리며 줄기 각 마디에 하나씩 어긋나게 나고 두껍고 긴 타원 모양이며 표면에 광택이 있고 끝이 갈라진다. 꽃은 5~7월에 연한 백록색의 꽃이 뿌리에서 바로 나온 길이 5~12cm의 꽃줄기 끝에 4～10개 정도 피는데 향기가 좋다. 입술꽃잎은 꽃받침과 길이가 비슷하여 3개로 갈라지는데 모두 연한 붉은 색의 반점이 있고 바깥쪽 조각은 작고 가운데 조각은 쐐기꼴이다. 열매는 타원 모양 또는 곤봉 모양이다. 소엽풍란보다 잎이 넓다하여 대엽大葉풍란이라 고도 하며, 나도풍란은 "라도"라는 지역의 이름이 아

니라 나도 풍란으로 분류해 줄 것을 하소연하는 듯하여 지었다고도 한다.

꽃의 단아함과 그 향으로 인해 옛 선비들에게 깊은 사랑을 받아왔지만. 자연 상태에서는 바위나 고목에 붙어 6년 이상 어려운 '인내'의 시기를 지나야 꽃을 볼 수 있다. 꽃이나 잎 뿐만 아니라고 공기뿌리도 관상가치가 높고 '인내'와 '신념'을 가진, 그리고 '참다운 매력', '진정한 매력' 때문에 많은 애호가들이 생겨났다. 반면에 그들의 강한 소유욕으로 인해 자연에서는 거의 사라져 보기 힘들어졌지만, 다행히 조직배양 기술의 발달로 누구나 쉽게 만날 수 있게 되었다. 많은 품종들이 육성되어졌으며 유통되는 대부분의 나도풍란은 모두가 조직배양에 의해 증식된 것으로 보면 된다.

임영조 시인은 나도풍란의 오랜 인내를 형수에 비유하여 노래하였다

"남녘 끝 섬마을서 시집와
육 년 남짓 애를 갖지 못하고
죄인처럼 살아온 우리 형수가
오늘은 〈나도〉 하고 말문을 텄다
귀머거리 삼 년
벙어리 삼 년
참았던 슬픔 모두 다 터져
...중간 생략...
아픔도 터지면 꽃이 되는가
오랜 산고産苦를 비로소 풀듯
코끝 아려오는 향긋한 몸내로
세상과 눈인사를 트는 꽃이여,
...뒤 생략..."

성경에서 야고보 사도는 "인내하는 자를 우리가 복되다 하나니"라고 하였다. 6년간이나 하잘 것 없는 풀처럼 지내다가 드디어 "나도 꽃이요" 하고 꽃대를 올리며 그간의 서러움을 향긋한 꽃향기로 품어내는 나도풍란처럼, 6년간이나 아이를 갖지 못하고 온갖 고통을 인고해온 형수가 드디어 첫 아이를 생산하며 "나도 여자요" 하며 그동안의 한을 환한 웃음으로 품어내는 형수와 대비하고 있다. 임영조시인의 형수뿐만이 아니라 우리의 여인내들은 참으로 긴 세월 인고하며 살아왔지만, 그들 때문에 지금 우리는 향긋한 풍요로움에 젖어있는지도 모른다. 요즈음처럼 모든 것이 빨리빨리로 통하며 도무지 참을성 없는 우리의 모습을 보면서, 우리의 민족의 한과 인내를 다시 한 번 되새기게 하는 나도풍란이다.

흔히 우리가 풍란이라고 하는 식물은 소엽풍란이다. 소엽풍란은 여름에 순백색 작은 꽃을 여러 개 피워 올리며 개화한 모습은 마치 순결한 소녀를 보는 것 같다. 소엽풍란은 줄기 밑부분에서 새 촉을 올려 촉수를 늘려 나간다.

풍란(소엽풍란) : *Neofinetia falcata*

만년콩

콩과

Euchresta japonica Hook.f. ex Regel

만년콩은 늘푸른작은키 나무로 제주의 돈네코 지역의 상록활엽수림지역의 어두운 곳에 살며, 식물 천이에 의한 쇠퇴와 채취에 의해 수가 감소하여 몇 그루가 남아있을 정도인 멸종위기 1급식물이다. 줄기 밑 부분이 비스듬히 누워 뿌리를 내며 윗 부분은 똑바로 서며, 키는 30~80cm이다. 잎은 어긋나며 3개의 소엽으로 소엽은 타원형 또는 도란형으로 짙은 녹색이다. 잎은 두꺼운 가죽질이며 표면은 담록색으로 광택이 있다. 가장자리는 밋밋하고 뒷면은 연한 갈색으로 털이 있으며 양끝이 둥글다. 꽃은 6~7월경에 원줄기 끝에 백색으로 핀다. 열매는 타원형으로 육질이고, 9~11월에 검은 빛을 띤 자주색으로 익으며 1개의 종자가 들어있다. 뿌리에는 마트린(matrine)과 시티신(cytisine) 등의 알칼로이드가 들어 있으며, 일본에서는 인후팽창咽喉膨脹에 사용한다.

1970년 8월에 김이만 선생이 제주도 서귀포의 돈내코 계곡에서 처음 발견하여 그분의 업을 기리기 위하여 만을 붙이고 또한 늘푸른나무로 만년 푸르르다는 뜻에서 만년, 그리고 콩과식물이어 만년콩이란 이름이 붙여졌다. 콩이란 이름이 붙은 것처럼 열매가 큰 콩처럼 생겨 그 반짝이는 광택은 더없이 아름답다. 보기가 귀한 꽃이기도 하지만 이 꽃을 어두운 숲속에서 대하면 탄성이 절로 나온다. 허지만 반짝이는 열매의 매력에는 비교할 수 없다.

자연에 몇 그루밖에 남지 않은 만년콩! 위기에 처한 것은 과연 만년콩 뿐일까?

만년콩과 비슷한 나무로 아까시나무나 다릅나무, 솔비나무등이 있다. 솔비나무는 한라산 어승생 등에서 자생하는 낙엽활엽수 교목으로 우리나라 특산종이다.

솔비나무 : *Maackia fauriei*

요즈음은 참으로 위기의 시대인 것 같다. 학교에서는 왕따와 폭력문제로 심각하고, 청년들은 직장문제와 자유함에 빠져 결혼하지 않으려 하고, 그로 말미암아 집안에 아이들의 울음소리와 웃음소리가 사라지고, 가정은 불화로 분열되고, 정치가들은 국가보다는 자신과 자신의 가족들 밖에는 머리에 들어 있지 않고, 기업가와 노동자들은 개와 고양이처럼 서로 아웅 거리느라 경제의 뒷걸음질은 나몰라이다. 사회는 불신과 불만으로 추락하기 직전이다. 나의 어려움과 불행이 모두 남의 탓이고, 꼼수를 꼼수로 꼬집다가 스스로 자기 당착에 빠지기도 하고, 법과 안보보다는 자신의 주장을 관철하는 것이 먼저이고, 참으로 천인단애千仞斷崖의 나락에 떨어지기 직전이다. 만년콩을 자연에서 지켜야 하듯이 우리의 삶도 이대로 추락할 수는 없지 않는가?

"오직 여호와를 앙망하는 자는 새 힘을 얻으리니 독수리가 날개 치며 올라감 같을 것이요 달음박질하여도 곤비하지 아니하겠고 걸어가도 피곤하지 아니 하리로다"라는 이사야의 고백처럼, 지쳐 피곤하고 곧 죽을 것 같은 위기의 순간이지만 용기와 희망을 가지고 다시 한 번 날개 짓을 한껏 저어보아야 하지 않겠는가?

섬개야광나무

장미과
Cotoneaster wilsonii Nakai

섬개야광나무는 낙엽관목으로 키는 1.5m 정도로 줄기는 잿빛이 도는 자주색이다. 잎은 마주나며 뒷면은 솜털이 밀생한다. 5월에서 6월에 백색의 꽃이 가지 끝에 무리지어 핀다. 열매는 둥글며 적자색을 띤다.

환경부지정 멸종위기식물 1급으로 울릉도에 자생하며 자생지를 천연기념물 51호로 지정하여 보호하고 있다. 울릉도의 도동항에서 해변가 암벽 경사면을 따라 자생하고 있으며 절벽으로 경사가 심한 지역이라 일반인의 접근이 쉽지 않은 곳이다. 대신에 사동해변에 울릉군에서 운영하는 울릉자생식물원을 찾으면 쉽게 만날 수 있다.

유사식물로 개야광나무, 야광나무, 윤노리나무 등이 있다. 지리산 천왕봉 아래에 군락을 이루고 있는 야광나무는 5월에 홍백색의 꽃이 피는데 하얀 꽃이 밤에도 빛을 낸다고 하여 야광나무라는 이름이 붙여졌다고 한다. 하나 실제로는 하얀 꽃이 무리지어 피므로 아마도 밤에 달빛이나 별빛 때문에 마치 빛을 발하는 것처럼 보여지는 것 같다. 개가 붙은 이유는 야광나무처럼 많은 꽃이 피지는 않지만 나무나 꽃의 모양이 비슷하여 붙여진 것으로 생각된다.

달이 스스로 빛을 발하지 못하지만 태양의 빛을 받아 빛을 내는 것 처럼 야광나무는 그 빛을 받아 빛을 발하는 것처럼 보인다. 빛은 모든 생명의 근원이다. 식물은 태양 빛을 이용하여 영양분을 축적하고, 그 영양소를 이용하여 모든 생물에 필요한 지질과 단백질과 비타민들을 합성한다. 빛이 없는 곳에서는 곧 죽어 버릴 것 같은 식물들도 적당히 빛이 있는 곳에 놓아 두면 그 생명이 다시 되살아난다. 사람도 빛이 없으면 육적으로나 영적으로 시들어 가게 되며 얼마 가지 않아 그 생명을 다하게 된다. 따라서 빛은 곧 생명이라고 할 수 있다. 모든 생명체는 빛이

있어야만 살 수 있는 존재이지만 어느 것도 스스로 빛을 발할 수는 없다. 물론 반딧불이처럼 가지고 있는 에너지를 이용하여 잠깐 동안의 빛을 발할 수는 있는 모습을 보며 빛을 만들 수 있을 것이라고 생각할 수 있지만, 마치 인간이 발전기를 통하여 빛을 만드는 것처럼 이미 존재하는 에너지를 빛으로 변환시킨 것에 불과할 뿐, 스스로 그 빛에너지를 생산하는 것은 아니다. 그럼에도 불구하고 달이 태양빛을 받아 빛을 발하듯 인간도 빛을 발할 수 있다. 성경에서 예수님은 너희는 세상의 빛이라고 말씀하셨기에 기독교인들은 스스로를 세상의 빛이라고 자처한다. 그러나 불행하게도 비기독교인들은 그것을 인정하지 않고 있다. 아무리 스스로가 빛이라고 외쳐도 상대방이 빛으로 느끼지 못한다면 그것은 어두움에 불과한 것이다. 빛을 발하기 위해서는 자기 자신이 가지고 있는 것을 태워야만 빛을 발할 수가 있다. 반딧불이의 빛도, 인간이 만들어내는 빛도 이미 있는 것을 태워야만 빛을 낸다. 내가 가지고 있는 것을 아까워해서는 빛을 발할 수 가 없다.

유사식물로 윤노리나무가 있는데 나무의 생장속도가 느려 나무가 단단하여 윷을 만들어 놀던 윷노리나무가 시간이 지남에 따라 윤노리나무로 변하였다고도 한다. 윷놀이는 삼국시대부터 즐겼던 것으로 전해지는 우리의 민속놀이로 지금도 많은 사람들이 매우 즐겨하는 대중놀이이다.

동방의 풍속이 예로부터 세시를 중히 여겨　　**풍속유래중세시**　　風俗由來重歲時
흰머리 할범 할멈들이 아이처럼 신이 났네　　**백두옹온작아희**　　白頭翁媼作兒嬉
둥글고 모난 윷판에 동그란 이십팔 개의 점　　**단단사칠방원국**　　團團四七方圓局
정과 기의 전략 전술에 변화가 무궁무진하이　　**변화무궁정여기**　　變化無窮正與奇
졸이 이기고 교가 지는 게 더더욱 놀라우니　　**졸승교륜출가해**　　拙勝巧輪朮可駭
강이 삼키고 약이 토함도 기약하기 어렵도다　　**강탄약토역난기**　　强呑弱吐亦難期
노부가 머리를 써서 부려 볼 꾀를 다 부리고　　**노부용진기관료**　　老夫用盡機關了
가끔씩 다시 흘려 보다 턱이 빠지게 웃노매라　　**시복류관소탈원**　　時復流觀笑脫願

이 시는 고려말 이색(李穡 1328-1396)이 쓴 것으로「목은집시고 牧隱集詩藁」제35권에 있는 시로 윷놀이 하는 것을 옆에 앉아서 구경하다 지은 시이다.

윤노리나무 : *Photinia villosa*

김홍도의 윷놀이

암매

돌매화나무과
Diapensia lapponica var. *obovata* F.Schmidt

암매는 높은 산의 바위에 이끼와 같이 붙어서 자라며 세상에서 가장 키가 작은나무로 기네스북에 등재되어 있다. 우리나라에서는 오직 한라산 정상에서만 자라며, 일본, 러시아 등의 고산지대에서는 자생하는 암매를 어렵지 않게 만날 수 있다. 암매나무 또는 돌매화나무라고도 하며 일반적으로 암벽에 자라면서 꽃이 마치 매화의 꽃과 닮은 데서 붙여졌다. 암매는 한곳에 10~30cm 정도로 덩어리를 이루어 자란다. 줄기는 땅을 기며 자라고 줄기의 선단에 다수의 잎이 뭉쳐나며 털이 없다. 늘푸른나무로 떨기나무(관목)이다. 잎으로 난형이고, 두텁고 광택이 나며 끝이 둥글고 밑은 뾰쪽하며 톱니가 없다. 꽃은1.5cm 정도로 2cm도 안되는 식물체에 비하여 상당히 크며 6~7월에 가지 끝에 백색의 꽃이 1개씩 달린다. 열매는 지름 3mm정도이며 꽃받침잎으로 둘러싸여 있고 3갈래로 벌어지며 9-10월에 성숙한다. 암매는 꽃이 질 무렵에 약간 붉은색을 띠게 된다. 마치 숙녀가 풍만한 요염함으로 유혹하는 것 같은 느낌이 들 정도이다.

한라산에는 아열대부터 한대까지 약 1,800여종의 다양한 식물이 자라고 있다. 또한 한라산에서만 자라는 70여종의 특산 식물이 살고 있다. 120만 년 전 화산활동의 결과로 생겨난 제주도는 오름이라고 하는 기생화산이 368개가 있으며 그 중 46개의 오름이 한라산 국립공원 안에 있다. 일본의 후지산의 특징 중 하나가 골짜기에 물이 없는 것이라고 한다. 현무암으로 구성되어 있어 물이 모두 지하로 스며들기 때문이라고 한다. 한라산도 현무암으로 구성되어 있어 집중적인 호우가 내리더라도 수많은 골짜기를 통해 곧바로 바다로 흘러내리며 많은 물이 지하로 스며들어 해안 저지대에서 용출되어 제주도민의 식수뿐 아니라 제주산 물이 인기를 차지하고 있음을 본다.

암매는 제주도 한라산 정상 화산구의 주변 기암 틈새에 뿌리를 내리고 있다. 서북벽 정상의 바위 이외에도 동북 지역과 서벽의 바위틈에서도 자라고 있다. 암매가 살고 있는 공간은 모두 합쳐도 $1m^2$이 되지 않는다. 죽은 인간이 차지하는 공간도 이보다는 더 넓은데. 이 공간이 사라지면 우리나라에서 암매는 자생지에서는 영원히 사라진다. 암매는 암매속에 하나의 종만이 존재한다. 암매는 크기가 10년을 자라거나 100년을 자라거나 큰 차이가 없는 나무이다. 요시가와 吉川正人는 1999년 한라산의 암매는 최종빙하기 이후의 온난화에 의해 삼림화가 진행되는 과

정에서 삼림의 발달이 불가능한 암벽에 암매가 숙은꽃창포 등 암반식물군락의 종과 공존하면서 독자적으로 종 조성을 갖게 되었다고 추정하고 한라산이 남쪽한계를 갖는 군집으로 인정하였다. 암매는 시로미와 더불어 빙하기에 이동하여 이곳 환경에 적응하게 되었다고 본다. 그러나 고산지대의 복잡한 지형과 토양요소, 토층의 불안정성, 짧은 생육기간, 일조량의 변화와 많은 눈과 온도의 큰 변화 등이 위험요소로 작용하고 집중호우와 많은 등산객으로 식생이 훼손되고 있다. 거기에다 유전적으로 고산의 추운 곳에서 주로 사는 식물이라 기상변화에 따른 고온화로 몸살을 앓고 있다. 점차 기후가 아열대화 되어감에 따라 한대성 식물들의 설자리가 없어지고, 거기에 풍화로 인해 암벽이 무너져 내리고 있어 그나마 남아 있는 군집도 위험천만한 상태라니 이 땅에서 과연 얼마나 더 견뎌줄 지 걱정스럽기만 하다.

죽백란

보춘화속

Cymbidium lancifolium Hook.

죽백란은 늘푸른나무숲 아래에서 자라는 늘푸른 여러해살이 풀이다. 구경은 작으며 밀생한다. 1~3장의 잎을 갖는다. 잎은 가죽 같은 질감을 가지며 잎자루가 길고 끝부분에 톱니가 있다. 꽃자루는 구경을 둘러싸는 잎 사이에서 나오며 2~4개의 노란색을 띤 흰색의 꽃이 7~8월에 핀다. 타원 모양의 입술꽃잎은 끝이 3갈래로 갈라지고, 가운데 꽃잎은 삼각 모양에 짙은 갈색 점이 여러 개 있다. 한란 자생지에서 함께 발견되고 있는데 마디 부분과 잎이 대나무와 비슷하여 대나무처럼 보이기도 하고 죽백竹栢을 닮아 죽백이라는 이름이 붙었으며 돈란 이라고도 한다. 종명 lamcifolium은 라틴어인 lanceus(피침형)과 folios(잎)의 합성어이다.

죽백란의 감소의 원인은 산림의 개발에 따른 생육환경의 파괴와 사람들의 채취이다. 대나무처럼 사철 푸르고 그 정기가 쉽게 굽히지 않을 뿐만 아니라 소녀의 향기처럼 바람결에 날아오는 향기는 뭇사람들의 마음을 끌어당긴다. 눈을 뜨고 보아도 눈을 지그시 감아도 죽백의 모습과 향기는 사라지지 않는다.

밋밋한 유방을 들어내 놓고 하늘 보며 누워있는 한라산
호들갑스럽지 않고 항상 어머니의 품 같은 한라산
오랜 세월을 이겨내고 수없이 생산한 많은 오름들
그 속에 생명의 원천이며 보물창고를 숨겨둔 한라산

그 품에 기대어 평안한 꿈을 꾸는 다양한 식물들
제주고사리삼, 한란, 죽백란, 무주나무, 암매, 풍란,
만년콩, 나도풍란, 솔잎란, 한라솜다리, 한라송이풀 등등
태고의 원시를 잃지 않고 품고 품어 지켜낸다.

휘몰아치는 폭풍우에도 견디어 내었건만
인간의 학대와 폭행과 푸대접과 배반에 힘이 겨워
이제는 지친 몸을 모두 인간에게 맡겨두고
보물창고 비워낸 자리 무슨 보석으로 채울까

털복주머니란

난초과
Cypripedium guttatum Sw.

털복주머니란은 함백산 등 깊은 산속 풀밭에서 자라는 여러해살이 풀이다. 식물체 전체에 털이 나 있어 이런 이름이 붙었다. 높이는 약 30~50cm이며, 줄기가 곧게 자라며 잎이 3~4개가 어긋난다. 땅속줄기가 옆으로 뻗으며 각 마디마다 짧고 굵은 수염뿌리가 나온다. 잎은 넓은 타원형으로 끝이 날카롭고 뒷면 맥 위에 털이 나 있으며 기부는 줄기를 감싼다. 꽃은 5~6월경에 원줄기 끝에 한 개씩 달리며 황백색으로 자주색의 반점이 있으며 지름 3~5cm이다.

함백산에 80년대에는 제법 개체수가 많았으나 희귀난들을 수집하는 자칭 애호가들에 의해 많이 남획을 당해 거의 멸종위기에까지 도달하였다. 이식을 하더라도 저온성을 좋아할 뿐만 아니라 공생하는 균이 없으면 오래 살아남지 못한다. 원예종으로 개발하지 않으면 개인이 키우기는 어렵다. 환경부에서는 늦게나마 멸종위기 보호종 2급에서 1급으로 변경하고, 자생지에 철조망을 치고 보호하고 있지만 그럼에도 불구하고 인간의 소유욕 때문에 계속하여 감소하고 있다. 조직배양이 어느 정도 성공하여 대량으로 증식할 수 있는 '희망' 이 보인다고 하니 '기쁜 소식' 이기는 하지만 그래도 자연의 것이 좋다고 욕심내는 사람들의 욕구를 채워줄 수 있을지는 의문이다.

털개불알풀이 원명이었지만 부르기에 조금 거슬린다고 하여 털복주머니란으로 개명하였다. 비록 중국령이기는 하지만 백두산에 가면 복주머니란이나 털복주머니란을 원 없이 볼 수 있다. 많은 들풀의 애호가들이 봄이면 이 꽃들을 만나기 위해 상대적으로 비싼 경비를 마다 않고 백두산을 찾는다. 우리의 자연에서도 많은 사람들이 반갑게 만날 수 있는 날이 오기를 기대해 본다.

피할 수 없는 칼날같은 찬바람과 수십m씩
눈이 쌓인 동토의 드넓은 초원에서
땅속 깊이 그 뿌리를 뻗고
긴긴 겨울 매서운 추위를 견뎌내다

아직도 찬바람이지만 그래도 따스한 봄기운에
온몸에 얇은 털옷하나 걸치고
추위에 온 얼굴이 점박이처럼 붉어진 얼굴을
살그머니 보여주는 네 모습

양귀비처럼 화려하지도 않지만
장미처럼 튀어나지도 않지만
백합처럼 진한 향기를 가지고 있지도 않지만
마치 불룩해진 뱃속에 태아를 품고 있는

우리의 어머니들처럼 순박한 아름다움과
심장 박동의 울림과 두근거림
품고 있는 생명이 너무 힘이 겨워
오늘도 많은 이들의 보살핌과 관심을 희망한다.

함백산의 보호철조망과 경고표지

풍란

난초과
Neofinetia falcata (Thunb.) Hu

풍란은 착생란으로 지면이 아닌 산속의 나무줄기나 암벽 등에 붙어사는 여러해살이 늘푸른 풀이다. 키는 15cm정도로 줄기가 짧으며 몇 개체가 모여산다. 잎은 좌우 2줄로 촘촘히 나며 딱딱하다. 꽃의 개화시기는 6월하순에서 7월, 백색을 기본으로 1~5cm의 꽃자루가 나와 3개의 꽃받침 조각과 2개의 꽃잎을 가진 꽃을 2~10개 까지 피운다. 가련한 요정과 같은 모습이다.

남쪽 해안지역과 섬들에 많이 분포하고 있었지만 지금은 거의 남획당해 깊은 산속의 비밀스러운 곳에만 자생하고 있다. 풍란은 성장이 아주 느리며 잎 한 장이 성장하는데 4개월 이상이 걸린다. 그러나 요령만 잘 터득하면 키우기가 어렵지 않은 란이다. 추위에 약하므로 따뜻하며 해가 적당히 비치는 장소로 통풍이 잘되고 습도가 높은 것을 좋아한다.

풍란의 꽃모양과 강한 향기는 사람의 눈과 코를 유혹한다. 특히 해질 무렵이면 더욱 짙은 향을 발한다. 아마도 이 강하고 달콤한 향기와 매력이 기생집의 기생들이 저녁 무렵에 풍기는 향과 매력처럼 옛 부터 선비들의 마음을 강하게 끌어 당겼나 보다. 바람을 타고 고운 향기가 멀리 퍼진다고 하여 풍란이란 이름이 붙여졌다. 고려 시대에 무역선이 원나라에서 물건을 가득 싣고 제물포로 돌아오는 길에 태풍을 만나 방향도 알 수 없는 것으로 흘러갈 수밖에 없었다고 한다. 태풍이 멈추고 풍랑이 잔잔해 지자 가까이 있던 섬으로부터 달콤하고 매혹적인 향기가 바람을 타고 풍겨 왔는데, 한 선원이 이것은 틀림없는 풍란의 향기로 풍란이 많은 섬은 거문도이니 아마도 여기가 거문도 근방일거라고 했다는 전설이 있을 정도로 풍란에 대한 향은 짙고 달콤하다. 이 달콤한 냄새가 바람을 타고 곤충을 유혹하여 수분을 하게 만들고, 이 향기의 매력에 빠진 사람들에 의해 자생지에서의 멸종위기도 맞지만 한편으로는 대량으로 증식되어 많은 사람들에게 사랑을 받는 것도 풍란의 생존전략의 하나라는 생각이 든다. 풍란은 냄새만이 아니고 꽃도 잎도 뿌리도 아름다워 식물전체가 관상의 대상이다.

1985년 MBC에서 방영된 "풍란"이라는 드라마는 서녀로 태어나 정경부인이 된 정 난정의 삶을 '참다운 매력'과 '신념'을 가진 풍란에 비유하고 당시의 시대적 상황을 통해 정 난정이라는 여성의 파란만장한 삶을 보여주었다.

마치 기생들의 유혹에 빠져 헤어 나오지 못하는 한량들처럼 풍란에 한번 빠지면 그 매혹에서 헤어나지를 못한다.

육종된 원예종

한란(寒蘭)

난초과
Cymbidium kanran Makino

한란은 종 자체가 천연기념물 191호로 지정되어 있다. 제주도의 해발 700~900m 근처인 시오름과 선돌 사이의 상록수림과 돈내코 계곡 입구에서 자란다. 늘 푸른 여러해살이 풀로 뿌리는 굵고 많다. 잎은 선형으로 뒤로 젖혀지고 길이 20-70cm이며 끝이 뾰족하며 가장자리가 다소 밋밋하다. 꽃은 11~1월에 피며 연한 황록색 또는 홍자색 등 많은 변이가 있으며 향기가 있다. 꽃이 한 겨울에 핀다고 해서 한란이라고 이름을 지었다고 한다. 꽃줄기의 길이는 25~60cm로 5-12개의 꽃이 달린다. 꽃받침 잎은 벌어지고 넓은 선형이며 꽃잎은 피침상 선형이다. 입술판은 꽃받침 길이의 반정도 되며 뒤쪽으로 구부러져 있고, 백색 바탕에 자주색의 점무늬가 있다. 종자는 잘 맺히지 않는다. 추우면서 기온은 쉽게 올라가지 않는 곳, 그리고 공기가 정체되지 않으면서도 공기가 건조하지 않은 반그늘의 습한 공기가 흐르는 장소에 서식한다.,

난을 우리나라 사람이 재배하기 시작한 것은 고려 말기로 추정된다.

고려 말기에 이제현李齊賢이 지은 시화·잡록집 역옹패설櫟翁稗說에 "여항餘杭에 객으로 머물러 있을 때에 난을 선물로 받았는데 그 그윽한 향기가 말로써 표현할 수 없을 정도로 사랑할 만하였다"라는 구절이 있다. 또한 정몽주鄭夢周를 어머니가 꿈에 난을 보고 낳았다 하여 초명을 몽란夢蘭이라 하였다고 한다. 고려 말의 이거인李居仁이 난을 재배한 기록이 있다.

조선 초의 강희안姜希顔은 저서 양화소록養花小錄에서 난을 심자深紫, 담자, 진홍眞紅, 담홍, 황란, 백란, 벽란, 녹란, 어타魚鮀, 금전金錢 등으로 분류하고 재배법을 기록하였다.

서유구가 지은 임원경제지林園經濟志에서는 난을 자류 17종, 백류 24종, 잡류 14종 등 모두 55종으로 분류하고 우리나라 자생란과 대마도를 통하여 중국·일본의 난이 수입되는 경로 등을 기록하였다. 우리나라에서는 영친왕이 1937년 창경昌慶, 1938년 창방昌房을 육성하였다는 기록이 있으며 1960년대에 이르러서는 조직배양이 가능해져 좋은 품종을 대량으로 증식하고 신품종도 육종할수 있게 되었다.

중국한란

현재 우리나라에서 애호되는 난은 보춘화속, 석란속, 대엽풍란속, 소엽풍란속 등이 있으며 이 중에서도 국화, 매화, 대나무와 함께 사군자로 일컬어지는 춘란과 한란이 보춘화속에 속한다. 난초는 예로부터 시와 그림의 소재로 많이 등장하고 있다. 묵란화가 처음 시작된 것은 고려 말기로 추

정되며, 현존하는 가장 오래된 작품으로는 조선 초 강세황姜世晃의 필란도筆蘭圖가 있다. 김정희, 이하응, 김응원, 민영익 등은 묵란화의 대가들로 잘 알려져 있다. 김부식, 김극기, 이규보, 정몽주, 정도전, 권근, 이숭인, 최경창, 신위 등이 난에대한 시를 남긴 이들이다. 난초는 또한 자손의 번창과 관련 있는 것으로 이해되어 경기도 지방에서는 난초꽃이 번창하면 그 집에 자손이 번창 한다고 하였으며, 충청도 지방에는 꿈에 난초가 대나무 위에 나면 자손이 번창 하고 난초꽃이 피면 '미인' 을 낳는다는 속설이 전하여진다. 또한 "난초 불붙으니 혜초 탄식한다."는 속담이 있는데 "여우가 죽으니까 토끼가 슬퍼 한다"는 속담과 같은 뜻으로 "친구의 괴로움과 슬픔을 같이 괴로워하고 슬퍼한다"는 뜻이다.

지금에 와서 많은 사람들의 사랑 속에서 오히려 자연에서는 사라지고 있는 춘란 일명 보춘화. 자연에서 오래도록 살아 남아 후손들에게 그 고고한 자태와 향기를 보여 주기를 바라는 '소박한 마음' 이다.

한란은 화려함이나 요염함도 없고, 아양이나 교태를 부리는 모습도 전혀 없지만 그 자태는 어느 '귀부인' 보다 도도하고 품어내는, 향기는 어떠한 꽃의 향이나 향수보다도 향그럽다. 가히 난의 여왕이요 군주라 아니할 수 없다.

홍해리 시인은 난정기蘭丁記라는 시에서

기다려도 기다려도 발자국 소리 오지 않더니 가을 들어 가장 맑은 날 밤을 골라
첫서리 내리자 드디어 네가 날개를 펴 암향을 천지사방으로 흘리며
아름다운 덫을 놓고 있다 …중간 생략 …
정중동靜中動**이요 동중정**動中靜**의 화심세계**花心世界**로다.**

라고 읊고 있다.

수없이 많은 선비들이 그렇게도 탐하던 한란 역시 현대인들의 탐심에 의해 씨가 마를 정도로 자연에서 사라져가고 있다. 환경부에서는 멸종위기 식물로 한란 종 자체를 지정하고 있지만 지금도 계속해서 굴채되어지고 있는 현실이 안타깝기만 하다. 가까운 일본에서는 수없이 많은 변이종을 만들어 원예시장에 내어 놓고 고가로 판매하고 있기도 하다. 내 것 귀하다고 말들은 잘하지만 보호하고 보존하는데 있어서는 모두가 뒷짐이다. 애호가는 갖고 싶은 마음을 버리지 못하고 남채하는 사람들은 목구멍이 포도청이니 어쩌냐고 하소연이고...

제2장
멸종위기 육상식물 2급

가시연꽃

수련과
Euryale ferox Salisb

가시연꽃은 영양분이 풍부한 호수에 생육하는 한해살이 부엽식물이다. 전체에 날카로운 가시가 있으며, 잎은 뿌리에 근생한다. 4~5 번째 잎부터 부엽으로 된다. 성장한 잎은 직경이 30cm 에서 1m 에 이르며 가끔 2m 가 넘는 경우도 있다. 잎 표면은 심하게 주름져 있다. 꽃은 수중에서 자가수분하는 폐쇄화와 수면에 나와 개화하는 개방화가 있으며, 6~9 월에 핀다. 잎 사이 혹은 잎을 뚫고 가시가 있는 긴 꽃줄기가 자라 그 끝에 자색의 꽃이 한 개 달리며 오후 2~3 시경에 피었다 밤에 닫힌다. 폐쇄화가 결실을 잘 맺으며 개방화도 결실이 잘 된다. 열매는 휴면 상태로 수십 년간 생존가능하다. 종자는 물위에 잘 떠다니며 퍼져갈 수 있는데 이형세포라고 하는 간격이 많은 구조를 가지고 있어 부력을 갖기 때문이다.

속명인 Euryale 는 '넓은' 이라는 뜻이고 종명인 ferox 는 '흉폭한' 이라는 의미를 갖는다. 적어도 수백만 년 전 유럽과 아시아 대륙에 걸쳐 살고 있었지만 빙하기에 전멸하고 동아시아 지역에만 단 한 종류 살아남았다. 주위에서 볼 수 있는 식물 중에서 가장 오래된 속씨식물이다. 지금은 사람들에 의한 연못의 개발, 낚시질, 토지이용 변화 등으로 급속히 감소되고 있어 환경부 지정 멸종위기식물로 보호하고 있다.

아담과 하와가 하나님처럼 될 수 있다는 뱀의 유혹에 넘어가 선악과를 따먹었듯이, 반대로 가시연꽃을 지키던 뱀이 부처님이 될 수 있다는 악마의 유혹에 넘어가 가시연꽃을 삼키다 목에 걸려 평생을 어둠속에서만 지낸다는 전설적인 얘기는 인간의 욕심과 탐욕을 뱀을 통하여 교육하고자 하는 선조들의 지혜가 아닌가 생각된다.

잎이 넓고 가시가 있는 연꽃으로 빅토리아연이 있다. 빅토리아연은 아마존 강이 원산지이며, 사람들이 잠든 깊은 밤에 홀로 피어났다가 해가 뜨는 새벽이 되면 슬그머니 물속으로 잠겨버리며, 밤중이라도 빛이 비치면 완전히 본연의 모습을 보여주지 않는 고고하고도 청순한 꽃이다.

가시연꽃은 식물 조직이 매우 연하다. 낚시줄이나 그물로 잎이나 줄기가 쉽게 부서져 버리는 약한 식물이다. 사람들이 마구 뿌려대는 농약과 제초제로 오염된 곳에서는 목숨을 부지할 수가 없다. 한 해 밖에 살지 못하면서도 항상 늑장을 피워 이듬해 늦은 봄에야 싹을 틔우지만 여름햇볕에 매우 빠른 속도로 넓은 잎을 펼쳐 슬그머니 꽃대를 내민다. 마음이 심란하고 복잡할 때 어느 시인의 말처럼 늘 고운 한복을 차려 입고 말없이 차 한 잔을 건네며 살포시 웃음짓는 여인네가 있다면 참으로 '그대에게 소중한 행운' 이 아닐까? 하지만 함부로 가까이 하기에는 거친 가시들을 품고 있는 우리네 여인들의 모습이다.

빅토리아연 : *Victoria amazonica*

가시오갈피나무

두릅나무과
Eleutherococcus senticosus (Rupr. & Maxim.) Maxim.

가시오갈피는 한국의 덕유산 이북 그리고 북한의 백두산 유역에 분포하며, 일본의 북해도와 중국의 흑룡강유역, 시베리아의 아무르강 유역에 분포하는 낙엽성 활엽 관목으로 2 내지 3 미터의 높이로 자라며 두릅나무과 오갈피속이다. 한국은 오갈피나무속에 오갈피나무, 가시오갈피나무등 약 15 종이 분포한다고 한다. 전체에 가늘고 긴 가시가 밀생하며 회갈색이다. 잎은 어긋나고 넓은 타원형의 작은 잎이 3~5 개 나오고 표면은 군데군데 털이 있으며 엽병은 길이 3-8cm 로 가시가 많다. 꽃은 가지 끝에 한 개씩 달리거나 밑 부분에서 갈라지며 7 월에 자황색으로 핀다.

열매는 구형이며 털이 없고 5 개의 능각이 지며 지름 8-10mm 이고 10 월에 흑색으로 성숙한다. 유사식물인 오갈피나무는 가시가 거의 없다.

한방에서 오갈피, 섬오갈피와 더불어 여름에서 가을 사이에 뿌리와 수피를 벗겨 말린 것을 오가피(五加皮) 라 한다.

두릅나무과에 속하는 가시오갈피의 속명 아칸토파낙스(Acanthopanax) 의 아칸토(Acantho) 는 ' 가시나무' 를 뜻하며 파낙스(panax) 는 ' 만병을 치료한다' 는 뜻으로 ' 만병을 다스리는

가시나무' 라는 의미이다. 파낙스(panax) 는 그리스어의 판(Pan: 모두) 과 악소스(Axos: 의약) 가 결합된 복합어로서 " 만병통치약" 이란 뜻에서 유래되었다. 한국에서는 ' 가시오갈피' 라고 부르며 중국에서는 '치우지아' 즉 '자오가(刺五加)', 일본에서는 '에조우고기(蝦夷五加)' 로 불린다.

오가(五加)' 는 잎이 산삼과 같이 다섯 개가 붙은 식물이라는 뜻이다. 뿌리, 가지, 잎, 열매, 꽃 모두 약용으로 사용할 수 있다.

시베리아인삼이라고도 불리우나 약용 인삼과는 관계가 없으며 성분도 다르다. 구 소련 시대인 1960 년대 초 브레크만 박사가 가시오갈피를 연구하다가 " 고려인삼을 능가하는 약효가 있다" 는 연구결과를 발표하였고 가시오갈피의 면역증강과 생체활성작용을 하는 성분들을 밝혀 냈다. 1962 년 강장제로 사용이 승인되었으며 1980 년 모스크바 올림픽에서 소련선수들의 체력강화에 사용하면서 화제가 되었다. 그 후 약학계에서는 시베리안 진생(인삼) 이라는 이름으로 널리 알려지게 되었다. 브레크만 박사팀이 발표한 연구논문에 의하면 가시오갈피는 생체기관의 전반적인 기능을 활성화시켜줄 뿐만 아니라 독성이 없으며 장기 복용하면 노화를 방지하고 수명을 연장하는 약효가 있다고 한다.

1980년대 초 독일 뮌헨대학의 바그너 박사는 러시아, 중국, 한국의 가시오갈피 주요 성분인 엘레우테로사이드 E를 비교한 결과 한국산이 러시아산에 비해 약 4배, 중국산에 비해 약 6배가 더 들어있는 것으로 발표하였다. 특히 중국산에서는 엘레우테로사이드 B가 함유되어 있지 않았다고 한다. 가시오갈피의 유사식물로 오갈피(오가피)가 있는데 진정작용이 있다는 이소프락시딘 이라는 성분이 가시오갈피보다 매우 적은 양이 들어 있다고 한다.

한국에서는 예부터 민간약으로 사용되어 왔으나 가시오갈피와 오갈피의 구분은 없었던 것 같다. 1596 년 허준이 지은 동의보감(東醫寶鑑) 에는 연년불로 선경약야(延年不老 仙經藥也) 즉 "오갈피를 먹어 수를 더하고 늙지 않으니 실로 신선의 약이로구나..." 라는 구절이 나오며 중국의 이시진이 1596 년에 지은 본초강목에는 영득일파오가 불용금옥만차(寧得一把五加不用金玉滿車) 즉 "한줌의 오가피를 얻으니 한마차의 금옥보다 낫구나…" 라는 구절이 나온다. 기원전 600 년경에 도홍경이 쓴 신농본초경(神農本草經) 에는 오갈피를 상약으로 구분하고 구복경신내로(久服輕身耐老) 즉 "오래 먹으면 몸을 가볍게 하고 늙음을 견딘다"고 하였으며 열매를 추풍사(追風使) 즉 "중풍을 몰아내는 사자"라 하였다.

일본에서는 아이누족들이 민간약으로 사용하였으나 북해도를 점령한 일본인들이 가시가 많아 사악한 잡초라고 하여 보이는 대로 제거해 버리고 "뱀 마져도 올라갈 수 없다"라고 하여 매우 싫어하였다고 한다. 어찌 보면 만병통치약으로 '영원한 사랑' 을 받아야할 가시오갈피가 사람이 알아주지 못하고 필요 없는 것으로 취급해버린 한 예일 것이다.

인간의 몸에는 많은 기관들이 있는데 그 중에는 흔적기관이라고 하여 진화된 인간에겐 필요 없는 기관으로 취급되어지고 지금도 그렇게 가르치는 것을 볼 수 있다. 예를 들면 꼬리뼈, 맹장꼬리, 갑상선, 편도선등 180 여개에 이른다. 그러나 요즈음 이러한 기관이 필요 없는 기관이라고 하는 학자는 거의 없다. 갑상선 암환자가 갑상선을 제거하면 평생 대체해야할 약을 먹어야 하며, 꼬리뼈는 배변활동에 있어서 없어서는 안 되는 기관이다. 사람이 아직도 흔적기관이라고 생각하는 몇 가지의 기관들은 아직 그것이 왜 필요한지를 모를 뿐인 것이다. 일본인들이 가시오갈피의 효용성을 알지 못할 때에 필요 없는 귀찮은 사악한 잡초로 취급했던 것과 마찬가지로, 한 때 만병통치약으로 소문났던 가시오갈피. 그러고 보니 가시오갈피 뿐 아니라 무언가가 건강에 좋다하면 순식간에 온 국민이 전부 그것을 찾아 싹쓸이를 해 씨도 안 남기는 기질을 가진 우리다. 쇠약한 사람들이든 건강한 사람이든, 젊은 사람이든 나이 드신 어른이든, 남자든 여자든, 배웠든 못 배웠든, 누구를 불문하고 건강과 정력을 빌미로 현혹하는 데는 대부분이 쉽게 휩쓸리는 것 같다. 엄청나게 다양한 종류의 보약과 정력제, 그리고 건강식품들을 접하거나 먹어보지 않은 사람들이 없을 것 같다. 여기에는 합법적인 것뿐 만아니라 불법적인 것까지 합세하여 이 시대를 풍미하고 있다. 자기주장이 강한 것 같으면서도 상대방의 감언이설에 쉽게 넘어가 정말로 좋은지 나쁜지, 효과가 있는 건지 없는 건지, 옳은지 나쁜지를 이성적으로 판단하는 대신 직관에 따라 선택하고 아니면 뭐 그렇지 하고 쉽게 긍정하고 포기하고 만다. 이것을 고치는 통치약을 가지고 있는 식물은 없는 걸까?

오갈피나무 : *Eleutherococcus sessiliflorus*

각시수련

수련과

Nymphaea tetragona Georgi var. *minima* (Nakai) W.T.Lee

각시수련은 늪과 못에서 자란다. 뿌리에서 모여난 잎은 말굽 모양으로 가늘고 긴 잎자루는 물 위에 뜬다. 잎의 밑 부분은 심장 모양이고 끝이 날카로우며 두껍다. 6~8 월에 뿌리에서 긴 줄기가 나와 줄기 끝에 3~5cm 정도의 흰색 꽃을 피우지만, 10 월까지도 꽃을 볼 수 있다. 꽃받침은 4 개, 긴 타원형으로 끝이 날카롭고 녹색이다. 꽃잎은 8~15 개로 수술이 많으며, 수련睡蓮 *Nymphaea tetragona* 에 비해 크기가 작다. 각시수련의 꽃받침은 뾰족한데 수련의 꽃받침은 긴타원형이다. 수련이란 말은 밤에 꽃이 오므라들기 때문이며 보통 3 일 정도 반복된다. 우리나라에서는 강원도의 휴전선에 가까운 한 저수지에서 자라고 있다. 매우 제한적인 분포와 매립, 농경지 확장 등으로 인해 서식지에 대한 개발 압력이 커지고 있다.

신랑神郎은 삼신랑三神郎의 줄임말이라고 한다. 삼신시종지랑三神侍從之郎에서 온 말로 삼신을 모시고 가르침을 추종하는 화랑을 뜻한다고 한다. 각시角侍는 원방각시圓方角侍의 줄임말이란다. 원방각이란 삼신인 천일, 지일, 태일을 시각화한 말로 역시 삼신을 모신다는 말이라 한다. 또는 원방각의 원은 우주나 세상을 뜻하며. 방은 우리가 살고 있는 지구를, 그리고 각은 인간을 나타내는 단어라고 한다. 아무튼 본래 화랑의 근원은 원화에서 나온 말로 여자화랑을 뜻한단다. 다시 말해, 여성중심사상에서 나온 단어로 우주와 지구와 인간의 중심이 여자라는 뜻 같다. 그런데 언제부터인지 각시에 새라는 단어가 붙어 새각시가 되고 다시 새악시로 변화하여 결국 색시라는 단어로 변하여 아내를 이르는 말로 작고 귀엽다는 뜻을 가지게 되었다 한다. 여기에 다시 시집온 새 색시를 이르는 말로 새를 붙여 새색시가 되었다고 한다. 그러므로 각시수련은 작고 귀여운 수련이라는 뜻이다. 여성 중심시대의 단어에서 이제는 작고 귀엽다는 의미로 변한 각시, 요즈음의 여성들이 들으면 당장에 각시라는 단어를 사용하지말자고 데모라도 할 것 같다.

수련 : *Nymphaea tetragona*

방금 시집와 부끄러워 얼굴을 내밀지 못하는 새색시처럼
살그머니 거울 앞에 드리운 아내 각시의 얼굴
혼자서 방긋이 웃는 모습을 살그머니 훔쳐보며
우리 각시 세상에서 제일 곱다고 자랑을 해본다.

가장 청순한 마음을 가졌다고
영혼이 맑고 순수하다고
가장 바른 믿음의 신앙을 가졌다고
언제나 신비함과 꿈을 가진 깨끗한 마음을 가졌다고

개가시나무

참나무과
Quercus gilva Blume

개가시나무는 환경부지정 멸종위기 식물이며 상록활엽교목으로 25~30m 에 달한다. 수피는 암갈색을 띠며 조각조각 벗겨진다. 잎은 마주나며 넓은 바늘잎으로 잎의 위쪽에 날카로운 톱니가 있다. 잎은 약간 단단하며 뒷면은 황갈색으로 별모양의 털이 밀생한다. 암수한그루 암수딴꽃이며, 열매는 타원형으로 끝에 털이 있으며 깍정이는 접시모양이다.

개가시나무는 우리나라를 나라를 비롯한 대만, 일본, 중국 등의 난대 지방에 분포한다.

참나무속에는 낙엽활엽수와 상록수가 있다. 갈참나무, 상수리나무, 떡갈나무, 굴참나무, 물참나무 등은 낙엽활엽수이고 붉가시나무, 종가시나무, 참가시나무, 개가시나무 등은 상록성이다. 상록성인 가시나무들은 주로 난대지방 특히 제주도에서 주로 자라며, 재질이 단단하여 옛날에는 병기를 만들거나 다듬이 방망이를 만드는데에 사용하였다. 또한 이규경이 저술한 오주연문장전산고五洲衍文長箋散稿에서는 가사목을 이년목二年木이라고 부른다고 하였다.

동의보감에 의하면 도토리가 설사와 이질을 낫게 하고 위와 장을 튼튼하게 하여 몸에 살을 오르게 한다고 한다. 어릴 적에는 굶주림을 면하려고 어쩔 수 없이 먹던 음식이 도토리묵이지만 이제는. 옛날 굶던 시절이 그리워 요즈음도 산에 오르는 많은 사람들이 도토리를 싹쓸이 해 버리고, 거기에 웰빙 바람에 다이어트 음식으로 인기를 끄는 바람에 다람쥐가 먹을 것이 없다고 아우성 치는 시절이 되었다. 참나무속 중에서도 개가시나무의 열매는 탄닌의 함량이 가장 적어 가공하지 않고도 식용이 가능하다고 한다. 자라는 속도가 매우 느려 한번 베어 버리면 잘 자라지 않아 이제는 멸종위기종으로 보호해야 할 정도로 귀해졌다. 참나무보다 더 단단하고 재질이 좋아 잘 가꾼다면 목재로써 그리고 웰빙 음식의 재료로써 좋은 자원이 될 것이다.

개가시나무 열매

종가시나무 : *Quercus glauca*

개병풍

범의귀과
Astilboides tabularis (Hemsl.) Engl.

개병풍은 범의귀과의 여러해살이풀이다. 깊은 산골짜기의 나무 밑에서 자란다. 줄기는 곧게 서며 짧은 가시털이 난다. 뿌리에 달린 잎은 긴 잎자루가 있고 줄기에 달린 잎은 잎자루가 짧으며 가장자리가 7개 정도로 갈라지며 톱니가 있다. 골병풍이라고도하며 지구상에서 가장 큰 잎을 가진 식물 중 하나이다. 병풍보다는 방패를 생각나게 할 정도로 넓은 잎을 가지고 있으며 전체 모습은 마치 작은 우산이 펼쳐진 것처럼 보인다. 큰것은 폭이 1m가 넘기도 한다. 꽃은 암수한꽃으로 6~7월에 흰색으로 피며 빽빽이 달린다. 꽃받침통은 얕고 5갈래로 나누어지며 그 조각은 달걀 모양이고 끝이 뾰족하다. 어린잎은 식용한다. 꽃이 아름답고 향기가 있어 재배를 하기도 한다.

유사식물인 병풍쌈은 국화과이며 크기가 개병풍보다 작으며 줄기 아래쪽이 검붉은게 특징이다. 역시 국화과인 어리병풍은 병풍삼에 비해 어리다는 뜻에서 어리병풍이다. 싹이 날 때에는 매우 작지만 성장하면 크기에 큰 차이가 없다. 잎이 병풍쌈에 비해 좀 더 깊숙이 갈라지는것이 특징이다.

우리나라와 중국의 지린성, 랴오닝성에만 분포하는 세계적 희귀식

물이며, 개병풍속에 개병풍 한 종만으로 된 식물이다. 지난 1998년부터 환경부가 멸종위기식물로 지정하여 보호하고 있지만, 워낙 개체수가 적기 때문에 멸종위기에 처해 있다. 북쪽 추운 곳 반음지인 습한 골짜기의 배수가 잘되는 암석지역에서 살아가기 때문에 따뜻한 남한에서는 살아가기가 힘들다. 지금까지 알려진 자생지가 금대봉을 비롯해, 동강 주변의 산 등 몇 곳에 불과하다. 그러나 비교적 구근으로 잘 번식하기 때문에 사람이 조금만 돌보아 주면 쉽게 증식되어 많은 사람들에게 모습을 보여줄 수도 있는 식물이다.

개병풍은 병풍은 아니지만 병풍처럼 크고 어린아이 정도는 쉽게 가릴수 있는 잎의 크기 때문에 붙여진 이름같다.

병풍은 바람을 막거나 장식용으로 공간을 막을 때 쓰는 가리개라고 국어사전에는 기록하고 있다. 병풍은 사용하는 곳이나 담겨져 있는 내용에 따라 달리 부르기도하였다. 주로 안방에 쓰이는 화조병풍花鳥屛風, 만수무강을 기원하는 수복병풍壽福屛風, 다산과 부귀영화를 나타낸 부귀다남병풍富貴多男屛風, 놀이의 모습을 담거나 상이나 제사때 쓰는 백자병풍百子屛風등 다양하였다. 보물 제733-2호인 '헌종가례진하도병풍憲宗嘉禮陳賀圖屛風은 왕실의 가례를 기록한 병풍이다. 곡병曲屛은 머리맡에 치는 병풍을 말하며, 특히 바람을 막기위해 머리맡에 치는 얕은 병풍을 침병沈屛 또는 머리병풍 이라고도 한다. 민화적 특징이 강한 병풍을 백납병百衲屛, 수를 놓은 것은 수병繡屛이라고 한다.

우리의 삶에서 병풍이란 무엇일까? 돌잔치를 하는 아이는 병풍 앞에 앉아 잔치를 치른다. 혼인식도 병풍 앞에서 거행하고, 칠순잔치도 병풍 앞에서 연다. 그러다가 죽음을 맞이하면 병풍 뒤에서 마감한다. 중국인 우홍巫鴻은 1996년 그의 저서인 "The Double Screen 그림속의 그

림, 원뜻은 병풍 속의 병풍重屛會棋圖"에서 "병풍은 공간을 가리는 가리개로써의 기능을 하기도 하지만, 공간을 분할하고 분할된 공간에 의미를 부여하기도 하며, 따라서 분할된 공간을 엿보는 대상이 되기도, 그림의 이미지를 담는 물체이자 동시에 회화적 이미지로서의 기능을 갖는다고 하였다. 이어령씨는"한국인의 손, 한국인의 마음(2004)"에서 "인간이 만든 벽 가운데 가장 가볍고 신축성 있는 벽은 바로 병풍일 것이다" 라고 했다. 청와대를 북악산이 병풍처럼 둘러싸고 있다고도 하며 지관스님을 한국 민주주의의 병풍이라고 하기도 한다. 그런가하면 예능에 있어서도 주연보다는 조연 즉, 재치있는 입담과 개그등으로 프로그램에 맛갈을 더하는 인물들을 병풍이라고 하나 보다. 예를 들면, 일박이일의 김종민이나 무릎팍도사의 올밴인 우승민 등이다. 이어령씨의 말을 빌리지 않더라도 한국인의 삶에에 병풍이 자리 잡았듯이 한국인의 마음에도 병풍과 같은 마음들이 자리 잡고 있는지도 모르겠다. 그래서 우리의 어버이들은 자신의 삶이 어떻게 되든 자녀들의 병풍이 되어주길 그렇게도 바라는지 모르겠다.

책거리 병풍(작가 모름) 국립중앙박물관 소장

병풍쌈 : *Parasenecio firmus*

갯봄맞이

앵초과

Glaux maritima var. *obtusifolia* Fernald

갯봄맞이는 '바닷가의 습지에서 자라는 여러해살이 풀로, 갯+봄맞이' 의 형태로 '갯' 은 해안 갯벌이나 하천가 따위에서 자라는데서 유래한다. 전체에 털이 없고 약간 분백색(粉白色)이 도는 녹색이며 윤이 난다. 높이는 5~20cm이고 땅속줄기는 굵고 옆으로 자라며, 줄기는 곧게 서거나 비스듬히 자란다. 잎은 잎자루 없이 밀생하며 뒷면에 점이 흩어져 있다. 꽃은 5~6월에 연홍색 혹은 흰색의 꽃이 피며 꽃자루가 거의 없다. 수술은 꽃받침잎과 어긋나며 씨방 밑에 달린다. 열매는 둥글고 털이 없다. 경남 바닷가에 제한적으로 분포하며, 유흥지 개발 등으로 인해 생육지가 파괴되고 있다.

이름은 봄맞이인데 늦은 봄이나 초여름에 꽃을 피우니 '봄맞이' 라는 이름이 잘 어울리지 않는다. 우리주위에서 흔히 보이는 봄맞이는 3~5월에 꽃줄기 끝에 4~10송이씩 백색의 꽃을 피우며 줄기의 전체에 흰 털이 있다. '봄맞이' 라는 단어에 어린 시절에 특히 여자아이들이 고무줄놀이를 하면서 자주 부르던 김태오 작사 박태현 작곡의 "봄맞이 가자"라는 노래가 떠오른다.

동무들아 오너라 봄맞이 가자
너도 나도 바구니 옆에 끼고서
달래 냉이 씀바귀 나물 캐오자
종다리도 높이 떠 노래 부르네
동무들아 오너라 봄맞이 가자
시냇가에 앉아서 다리도 쉬고
버들피리 만들어 불면서 가자
꾀꼬리도 산에서 노래 부르네

갯봄맞이 열매

요즈음엔 나이든 아주머니와 아저씨들이 길가에 차를 대놓고 나물 캐는 모습은 가끔 볼 수 있지만, 어린소녀들이 나물 캐는 모습은 거의 볼 수가 없다. 달래는 물론이고 냉이나 씀바귀가 어떻게 생겼는지도 모른다. 그 뿐인가 종다리, 꾀꼬리 소리도 들리지 않고, 버드가지로 피리를 만들 수 있다는 것은 아이들의 눈엔 신비에 가까울 뿐이다. 농촌 지역의 아이들이나 도시의 아이들이나 모두가 공부에 바쁘다 보니 계절이 바뀌고 들풀이 피어나고 벌 나비가 날아다녀도 전혀 보지도 느끼지도 못한다.

더욱이 요즈음 아이들에게서 뽕짝이나 랩 같은 노래는 줄줄 잘도 흘러나오고 또 잘한다고 온가족이 박수를 치며 즐거워 하지만, 봄맞이 가자와 같은 동요는 아이들의 입에서 떠난지 오래이다. 아니, 동요를 부르는 아이를 보면 요즈음도 이런 노래를 부르느냐고 오히려 신기해하는 어른들이다. 추운 겨울이 지나 봄이 오면 만물은 깊은 잠에서 깨어나고 '희망'의 노래를 부르는데, 우리의 아이들의 입에서는 계절과 관계없이 오로지 성적에 관한 얘기만 흘러 나온다. 부모의 경쟁과 이기심과 대리만족 때문에 우리의 아이들은 희망을 잃어가고 있는지도 모르겠다. 봄이 되면 우리의 아이들도 봄맞이 노래를 부르며 봄맞이꽃을 찾아보며 나물 캐는 모습을 그리는 것은 단지 꿈에 불과한 것일까?

봄맞이 : *Androsace umbellata*

구름병아리난초

난초과
Gymnadenia cucullata (L.) Rich.

구름병아리난초는 우리나라 높은 산에서 자라는 다년생 초본이다. 생육환경은 부엽질이 풍부하고 반그늘에서 자란다. 이런 곳에서는 산에 풀들이 무성하게 자라는데 비하여 키가 10~15cm로 작아서 쉽게 눈에 띄지 않는다. 알뿌리가 있다. 잎은 보통 2장이 마주 나므로 이엽두피란二葉兜被蘭이라고도 하며 타원형이다. 꽃은 7~8월에 담홍색 또는 흰색으로 피며 꽃줄기에 한쪽으로 치우쳐 달린다. 입술꽃잎은 좁은 쐐기형으로 곧게 서고 중앙에 홍자색의 반점이 있으며 3개로 갈라지며 가운데 조각이 가장 넓다. 열매는 10월에 익는다. 잎에 반점이 있는 종을 점박이구름병아리난초 *Gymnadenia cucullata* var. *variegata* 라고한다. 구름은 높은 산지에서 자라는 것을 가리키며, 병아리는 크기가 작은 데서 붙여져 졌다. 유사이름을 가진 병아리난초는 *Amitostigma gracilis* 는 5~7월에 피며 낮은 산 습지 반그늘에서 자란다.

무분별한 채취와 사람의 간섭으로 인하여 서식지 훼손 및 교란이 일어나 개체군이 감소하고 있다. 지리산 종단 등반 중에 풀숲사이에서 우연히 만난 구름병아리난초, '벌거벗은 여인' 이라는 꽃말처럼 정말로 구름만이 쉬었다 가는 높은 산속에서 어느 누구의 눈도 개의치 않고 자신의 아름다운 모습을 있는 그대로 실오라기하나 걸치지 않고 보여주는 여인을 만나 것 같은 반가움에 가던 길을 멈추고 한참 이 녀석과 놀다가 일행과 너무 멀리 떨어져 따라잡느라 엄청 고생했던 기억이 새롭다. 높은 산 인적이 드문 곳에서만 살기 때문인지 꽃의 모습도 신선 같다. 속담에 "신선 노름에 도끼자루 썩는다"라는 말이 있다. 신선은 몇 천 년, 몇 만 년을 사는데 나무하러 간 농부가 잠시 신선들이 바둑 두는 것을 구경하다 백 년 이상의 시간이 흘러 도끼자루가 썩었다는 말인데, 아무 하는 일 없이 바둑 한 번 두는 일로 몇 백 년의 시간이 흐른다면 별로 부럽지도 않을 것 같다. 결국 바둑 한번 두는데 필요한 몇 시간을 몇 백 년으로 늘려 놓은 것에 불과하니 말이다. 결국 인생의 길이를 얼마나 오래 사느냐가 중요한 것이 아니라 어떤 일을 얼마만큼 후회하지 않고 보람 있게 살았느냐가 삶의 가치를 결정하는 것 같다. 물론 삶의 가치라고 하는 것도 보는 관점에 따라 다르기에 삶 자체가 다양한 모습을 보이는 것이고 그것이 우리의 삶의 모습인 것 같다.

점박이구름병아리난초 :
Gymnadenia cucullata var. *variegata*

병아리난초 : *Amitostigma gracile*

금자란

난초과
Gastrochilus fuscopunctatus (Hayata) Hayata

금자란은 금산자주난초라고도 하는데 남해 금산에 자라는 자주색 반점이 많은 난초라는 뜻으로 줄여서 금자란이라고 부른다. 남해도 금산과 제주에서 자라는 상록기생식물로 여러해살이풀이다. 흔히 소나무의 수피에 붙어서 자라지만, 간혹 비자나무 또는 단풍나무에 붙어 자라기도 한다. 줄기는 마디가 많고 짧으며, 옆에서 백록색의 실 같은 뿌리가 자라 물체에 붙는다. 잎은 어긋나며 2줄로 달리는데, 좁고 긴 타원형이며 자주색 반점이 있다. 꽃은 5～6월에 2~4개의 꽃이 황록색으로 피며 자줏빛이 도는 반점이 많다. 남쪽지방에 극히 제한적으로 분포하며, 무분별한 채취로 개체수가 감소하고 있다.

마치 주근깨가 많은 서양의 어린아이처럼 잎에도 꽃에도 많은 주근깨 같은 반점이 많을 뿐만 아니라 크기도 작아 별로 사람들이 관심을 갖지 않는 꽃이다. 난이라고는 하지만 꽃도 눈에 끌릴 정도로 아름답지는 않다. 그럼에도 불구하고 습기가 많은 반그늘의 고목들에서 부착생활을 하다 보니 고목들이 쓰러져 죽으면 함

께 쓰러져 죽어 이제는 매우 보기 어려운 식물이 되었다. 거기에다, 귀하다고 소문이 나면서 귀한 것이라면 무조건 좋아하는 사람들의 소유욕 때문에 남아 있는 것들도 마구 채취당해 거의 멸종상태에까지 이르렀다.

식물이든 보석이든 옷이든 주택이든 자동차이든 종류를 불문하고 남이 갖지 않은 것을 갖고 싶어 하는 인간의 소유욕, 그래서 다른 사람에게 자신의 소유를 자랑하며 부러워하는 눈초리와 속삭임의 말들에 자기만족을 느낀다. 뿐만 아니라, 인간은 같은 것을 다른 사람이 가지고 있으면 기분 나빠하고 그것을 어떻게 해서든 자기 것으로 만들거나 아니면 그렇게 소중히 아꼈던 것들을 쉽게 버려 버린다. "사람의 생명이 그 소유의 넉넉함에 있지 않다"는 말씀을 생각하면서 우리의 살아 있음을 행복해할 수 있는 것은 감사하는 마음과 나누는 실천에서 생겨나는 것이 아닐까?

기생꽃

앵초과
Trientalis europaea L. ssp.*arctica* (Fisch. ex Hook) Hultén

기생꽃은 습원에 사는 여러해살이 풀이다. 같은 종인 참기생꽃과 기생꽃을 구분하기는 쉽지 않아 보인다. 우리나라에 분포하는 꽃은 거의 모두가 참기생꽃이고, 기생꽃은 대암산 용늪에서만 볼 수 있다. 대체적으로 참기생꽃은 꽃의 크기가 7cm에 달하는데 비해 기생꽃은 크기가 3cm이하로 작고, 전초와 잎의 크기도 작다. 또한 기생꽃은 줄기 끝에 1~3개의 꽃줄기가 나와 그 끝에 꽃이 하나씩 달리나, 참기생꽃은 줄기 끝에 1개의 꽃줄기가 나와 꽃이 하나 달린다고 하지만 분명하지는 않아 보인다. 태백에서 담은 것은 거의 대부분이 줄기 끝에서 하나의 꽃줄기가 나와 하나의 꽃이 달리나, 백두산에서 담은 꽃은 줄기 끝에서 1~3개의 꽃줄기가 나와 그 끝에 꽃이 하나씩 달리는 것을 볼 수 있었다. 따라서 꽃줄기수로 구분하기는 어려워보이며 기생꽃을 참기생꽃의 지리적 변이로 보는 편이 좋을 듯도 하다. 북미식물지에서는 기생꽃을 참기생꽃의 이명으로 보고 있으며, 중국에도 기생꽃에 대한 기록은 없다고 한다. 구태여 구분한다면 식물체의 크기와 잎이 도란형으로 끝이 둥근것을 참기생꽃과의 차이점으로 보는것 같다. 꽃받침조각과 수술은 각각 7개이며 암술은 1개이다. 줄기는 곧추 서며 가늘고 실 같은 백색의 지하경을 갖는다.

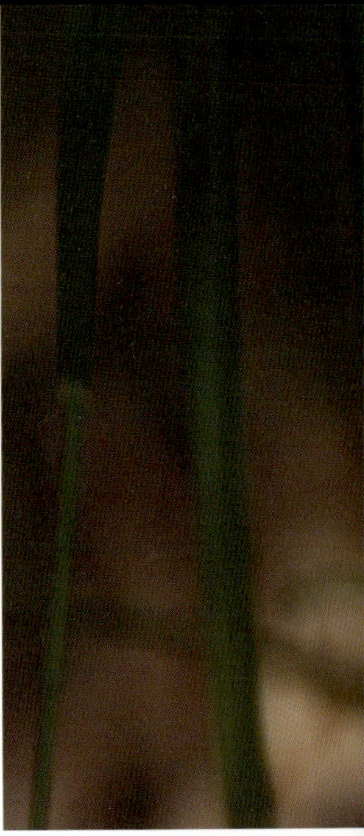

기생꽃 이름의 유래는 꽃잎의 순백색이 마치 일본기생(게이샤芸者)의 카나리아 배설물로 하얗게 칠한 일본기생의 얼굴마냥 희다고 해서 지었다는 유래와 꽃의 모양이 옛날 기생이 쓰던 화관과 닮았다고 해서 붙여졌다고도 한다. 우리나라 기생은 화관을 잘 쓰지 않지만, 얼굴에 하얀 분을 바른 일본 기생은 화관을 쓰고 있는 것으로 보아 일본기생들의 모습이 떠올라 기생꽃으로 부르지 않았나 싶다. 기생꽃의 일본말로 처취초悽取草이다. 일본명 처취초의 유래는 기생꽃의 모양을 닮은 갑옷의 깃에서 유래된 것이라 한다. 어찌되었던 일본의 기생이든 한국의 기생이든, 예쁘다라는 뜻에서 이름이 유래되었지 않았을까 생각해 본다. 영명은 chick-weed wintergreen인데 우리말로는 '사철푸른병아리잡초'라는 뜻인데 '병아리처럼 아주 키가 작고 겨울에도 녹색을 띠는 식물체를 뜻하는 것 같다.

중국의 4대 미인하면 서시, 왕소군, 초선, 양귀비를 얘기한다. 어느 날 서시가 강변에 있었는데 맑고 투명한 강물이 그녀의 아름다운 모습을 비추자 그 미모에 놀란 물고기가 헤엄치는 것을 잊고 강바닥으로 가라앉았다 하여 서시는 침어浸魚라는 칭호를 얻었으며, 기러기가 날개 움직이는 것을 잊고 땅으로 떨어졌다고 할 정도로 금琴 연주가 뛰어났던 왕소군은 낙안落雁이라 불리었으며. 명월같은 용모에 노래와 춤에 능했던 초선은 달이 부끄러워 구름 뒤로 숨었다 하여 폐월閉月이라 불려졌다. 당대의 최고 시인이었던 이백(李白)이 활짝 핀 모란에 비유했을 정도로 절세의 미인이면서 비파 연주솜씨가 출중하였던 양귀비가 화원에 가서 꽃을 감상하며

무의식중에 함수화(含羞花)를 건드렸는데 함수화는 바로 잎을 말아 올렸다고 한다. 꽃을 부끄럽게 하는 아름다움에 수화羞花라는 칭호와 절대가인絶對佳人 이라고 부른 수식어만 봐도 얼마나 출중한 미모와 예술적 기능과 문필력이 있었는지 짐작이 가능하다.

조선시대에도 이들에 뒤떨어지지 않는 기생으로는 매창과 황진이가 있다. 매창梅窓은 조선 중기의 여류시인으로 본명은 향금香今, 자는 천향天香, 매창梅窓은 호다. 계유년에 태어났으므로 계생(癸生)이라 불렀으며 매화와 같은 아름다움과 절개를 가지고 시문과 거문고에 뛰어나 당대의 문사인 유희경劉希慶 .허균許筠 .이귀李貴 등과 교유가 깊었으며, 부안扶安의 기생으로 개성의 황진이黃眞伊와 더불어 조선 명기의 쌍벽을 이루었다. 그가 유희경을 생각하며 지었다는 이화우梨花雨와 증취객贈醉客은 전북부안의 매창공원에 시비로 제작되었다. 황진이가 사랑한 유일한 남자는 양곡 소세양이다. 송별소양곡送別蘇陽谷은 소세양과의 이별의 아픔을 노래하고, 월야사月夜思는 소세양에대한 그리움을 노래하고 있다.

기생이 천민 신분임에도 불구하고 내노라 하는 유생들과 친구가 되고 교류한 것을 보면 단순히 미모만이 아니라 소양 또한 출중하였듯이, 기생꽃을 대하면서 역시 중국의 4대 미인이나 조선 기생 매창과 황진이에 조금도 손색이 없다는 느낌을 지울 수 없다.

태백산의참기생꽃 : *Trientalis europaea*

끈끈이귀개

끈끈이귀개과
Drosera peltata Thunb. var. *nipponica* (Masam.) Ohwi

우리나라의 끈끈이주걱속에는 긴잎 끈근이주걱, 끈근이주걱, 끈끈이귀이개 3종류가 있으며 식충식물로 구근성 여러해살이 풀이다. 초생달 모양의 포충잎을 많이 가지고 있다. 포충잎의 크기에 비해 강력한 접착력과 선모腺毛의 움직임도 매우 빨라 작은 벌레를 잡으면 선모가 둘러싸고 포충잎도 구부러져 둥굴둥굴 말리게 된다. 봄에 발아하여 5~6월에 흰색의 꽃을 피운다. 열매는 삭과이며, 종자는 타원 모양이고 양끝이 좁다. 한국(전남의 바닷가), 일본, 타이완, 중국에 분포한다. 여름에는 구근을 남기고 고사해 버린다. 빛이 잘 비치는 바닷가가 가까운 습한 초원에서 자생하지만, 개발과 아울러 원예가들의 채굴등으로 인해 보기 힘들게 되었다. 종명 peltata는 포충잎이 초승달의 형태를 하고 있다는 뜻이다.

생존을 위한 식물들의 전략은 다른 동물들과 다를 바가 없다. 함께 나누기도 하고, 도와주기도 하며, 네트워크를 형성하기도 한다. 뽐내기를 좋아하기도 하지만, 겸손할 줄도 알고 어려

운 상황에 처하면 속임수를 쓰거나 훔치거나 강제로 빼앗기도 한다. 식물이 생활에 필요한 영양분은 동물과 달리 주로 무기물을 이용한다. 그러나 살고 있는 곳에서 무기물을 충분히 얻지 못한다고 생각할 때에는 직접 유기물을 섭취하고 그 유기물을 분해하여 필요한 무기물을 얻기도 한다. 그 대표적인 예가 식충식물이다. 식충식물은 일종의 속임수를 이용하여 벌레를 유인한 후 빠져나가지 못하도록 붙잡아 동물의 소화와 유사한 화학적인 분해과정을 거쳐 먹이를 소화시켜 질소화합물과 무기염분을 흡수하는 식물이다. 질소가 풍부한 동물성 단백질을 소화하는 것에 적응한 식충식물들은 열악한 환경에서도 더 용이하게 살아 남을 수 있게 된다. 대부분의 식충식물은 녹색 식물로, 엽록체가 있어서 빛·물·이산화탄소를 이용한 광합성을 하여 스스로 필요한 양분을 합성하여 살아 가지만, 작은 동물들이나 곤충들을 잡아 보충함으로써 그들이 자라는 환경 속에서 영양공급원을 넓히는 효과를 갖는 것이다.

식충식물은 동물을 잡는 방법에 따라 다음과 같은 3가지 무리로 나눌 수 있다. 첫째로 잎이 변형된 주머니꼴의 포충낭을 종류로 대표적인 식물이 네펜데스(Nepenthes)이다. 네펜데스는 동남아시아의 보루네오나 스마트라 그리고 아프리카의 열대 지방에 서식하는 식물로 잎이 변형되어 만들어진 포충낭이라는 포충기捕蟲器가 있다, 포충낭의 안벽은 매끄럽고 왁스같은 물질로 덮여 있어 곤충이 쉽게 미끄러져 떨어지도록 되어 있다. 주머니 바닥에는 소화효소를 포함하는 소화액이 있고, 여기에 빠진 곤충은 소화되어 포충낭 벽을 통해 흡수된다. 습생식물인 통발과에 속하는 통발 등도 잎이 변하여 된 벌레잡이 주머니가 있어서 곤충 등을 잡는다. 두 번째로 개폐기구가 있는 포충엽을 가진 종류로 끈끈이귀개과에 속하는 파리지옥이 있다. 세 번째로 밀생한 선모(腺毛)를 가진 잎에서 점액을 분비하는 종류가 있는데, 끈끈이귀개과에 속하는 끈끈이주걱, 긴잎끈끈이주걱, 끈끈이귀개가 이에 속한다.

통발꽃 : *Utricularia vulgaris* var. *japonica*

벌래잡이 주머니

영화나 만화에서는 식충식물을 과장시켜 거대한 식인식물로 그려 놓기도 하지만, 실제로는 식충식물의 벌레잡이는 살아가는 환경에서 부족한 양분을 보충하기위한 보조적 전략이라고 할 수 있는 것이다.

끈끈이귀개의 꽃은 식물체에 비하여 상당히 크고 아름답다. 꽃에 유혹 당하여 달려 들었다가는 끈적끈적한 점액에 붙들려 꼼짝 못하고 생을 마감하여야 한다. 세상에는 많은 유혹들이 있다. 겉으로 보이는 아름다운 것, 부귀와 지위 등에 매혹되어 거기에 숨겨져 있는 생명을 위협하는 울타리에 벗어나지 못하는 어려움에 빠져들지 않도록 항상 유의할 일이다. "천하를 얻고도 제 목숨을 잃으면 무엇이 유익하겠느냐 사람이 무엇을 주고 제 목숨을 바꾸겠느냐"는 성경의 말씀처럼 천하보다 귀한 것이 생명임을 항상 잊지 않고 살기를 기도한다.

나도승마

범의귀과
Kirengeshoma koreana Nakai

나도승마는 동아시아에만 한정적으로 분포하며 국내의 유일한 자생지는 전남 백운산이다. 식물명에 붙은 '나도'는 다른 분류군이지만 생김이 비슷하다는 의미로, 미나리아재비과인 승마의 잎과 닮아 '나도승마'라고 붙여졌다. 다른 이름으로는 백운산에서 발견되어 '백운승마', 노란색 꽃을 피워 '노란승마'라고도 한다. 나도승마는 환경부 지정의 대표적인 멸종위기 식물이며 한국의 특산종이다. 지금은 좀처럼 야생에서 보기 힘든 희귀종이다.

나도승마는 여러해살이 풀로 높이 30-100cm이고 원줄기는 원주형이며, 모가 지고 곧게 선다. 잎은 마주나며 잎자루가 길지만 윗부분의 것은 없어진다. 잎은 타원형 또는 원형이고 가장자리가 손바닥모양으로 얕게 갈라지며 뾰족한 톱니가 있다. 꽃은 암수한꽃으로 5월에 봉오리가 생겨 8~9월에 황색으로 핀다. 원줄기 끝에 1-5개가 달리며 피기 전에는 밑을 향한다. 꽃도 예쁘지만 둥근 모양의 봉오리도 보기 좋아 외국에서는 꽃 애호가들 사이에 봉오리를 즐기는

꽃으로도 통한다.

열매는 둥근 모양의 삭과이고 털이 없다. 굵은 근경이 옆으로 뻗으며 끝에서 새싹이 돋는다.

승마하면 꽃보다는 말을 타는 모습이 생각난다. 아직은 우리나라에는 승마가 일반화되어 있지는 않지만 제주도나 몽골에 갔다면 한 번쯤 말을 타보았으리라. 몇 달간 승마를 배운다고 한 적이 있다. 결국 낙마로 고생한 후 포기하였지만, 아직도 가끔은 다시 배워볼까 하는 생각이 들 때도 있다. 그런데 영국의 데이비드 캐머런 총리가 불법도청 사실이 드러나 폐간된 '뉴스오브더월드'의 전 편집장이자 뉴스인터내셔널의 CEO 레베카 브룩스 부부와 함께 승마를 한 사실이 '승마 게이트'로 번진적이 있다. 말하자면 승마라는 매개를 통해 정치권력과 유력 언론의 유착 가능성에 대한 의구심으로 번지고 있는 것이다. 말 한번 잘못 탔다가 패가망신할 것 같다는 생각도 든다. 사람이 정직하고 바르게 살기는 참으로 어려운가 보다. 한국이나 다른 나라를 불문하고 자신의 지위와 권력을 유지하기 위하여 불법적인 유혹을 물리치지 못하는 것을 보면. 그러고 보면 승마가 아닌 개승마란 이름을 가지고도 이렇게 곱고 아름다운 모습을 보여주는 '개승마' 가 얼마나 당당하고 예쁜가?

승마 : *Cimicifuga heracleifolia*

눈빛승마 : *Cimicifuga dahurica*

날개하늘나리

백합과
Lilium dauricum KerGawl.

날개하늘나리의 이름은 날개는 줄기에 날개 같은 돌출부분이 있기 때문이며, 하늘은 꽃이 곧바로 하늘을 바라보고 피는 데서 붙여졌다. 중부 이북의 산에서 자라는 여러해살이풀이다. 생육환경은 부엽질이 많으면서 물 빠짐이 좋은 반그늘 사양토에서 잘 자란다. 키는 20~90cm이다. 줄기는 원기둥 모양이며 곧게 선다. 밑부분에 자줏빛 반점이 있고 윗부분에는 털이 약간 있다. 잎은 어긋나며 잎자루가 없다. 7~8월에 황적색 바탕에 자줏빛 반점이 있는 꽃을 줄기 끝에 피운다. 꽃잎은 6개이고 꽃잎 및 부분이 벌어지며 끝이 약간 뒤로 젖혀진다. 사람들의 무분별한 채취로 거의 절멸되어지고 있는데, 덕유산에서 우연히 만난 날개하늘나리, 마치 내가 날개를 달아 날아 올라가는 듯한 기분이었다.

유사 식물로 하늘나리 *Lilium cancolor* 가 있다. 짙은 황적색 꽃을 피우며 자주빛 반점이 있는 것은 날개하늘나리와 비슷하지만, 꽃의 크기가 더 작으며 꽃자루에 포가 있고 꽃의 밑 부분이 벌어지지 않는다.

죽음을 앞둔 예수님이 어두운 밤에 십자가에 못 박혀 돌아가실 것을 생각하며 슬픔에 젖어 겟세마네 동산을 홀로 거닐 때에, 대부분의 꽃들은 예수님의 고뇌와 슬픔에 고개를 숙이고 꽃을 피우는데 하늘나리만은 자기의 아름다움으로 예수님을 위로할 수 있다고 생각하고 고개를 쳐들고 꽃을 피웠다. 그런데 구름 사이로 비치는 달빛에 주위가 훤해지자 다른 모든 꽃들이 고개 숙여 시름에 잠긴 걸 보게 된 하늘나리는 자신의 교만과 미련함이 부끄러워 얼굴을 붉게 물들였다고 한다. 하늘나리를 위에서 내려다보면 그 아름다움을 하늘이 주었지만 참으로 그 매무새가 아름다워 꽃꽃이 하늘을 쳐다보며 당당히 자신의 아름다움을 자랑할 만도 하다는 느낌을 받는다. 주님께서도 "솔로몬의 모든 영광으로도 입은 것이 이 꽃 하나만 같지 못하였느니라"라고 극찬하지 않았는가. 솔로몬이 입은 옷과 부귀영화는 사람들의 손에 의하여 만들어지고 쌓여진 아름다움과 고귀함이지만 들풀들의 아름다움은 하나님이 입히신 것이다. 솔로몬은 사랑하는 여인을 "여인들 중에 내 사랑은 가시나무 가운데 백합화 같다"고 노래하였으며, 세상의 많은 시인

하늘나리 : *Lilium concolor*

들도 들풀의 아름다움은 노래하지만 인간이 왕에게 만들어 입힌 의상을 노래하지는 않는다. 인간이 만들어낸 아름다움은 시대에 따라 그리고 보는 사람에 따라 오히려 추해 보이기도 하지만, 하늘나리와 같은 들풀들의 아름다움은 세상의 가치와 인간의 기준에 따라 변하는 아름다움이 아닌 절대자에 의해 입혀진 '변치 않는 귀여움' 을 가진 아름다움이다.

하늘을 날아보자
눈앞에 절망의 낭떠러지가 놓여 있다.
피할수 없는 낭떠러지라면
날개를 달아 날아보자
이대로 포기할 수는 없다.

반드시 힘차게 날아오르는 독수리의 날개가 아니어도
반드시 우아한 학의 날개가 아니어도
반드시 공작과 같은 화려한 날개가 아니어도
반드시 멋진 비행을 하는 갈매기와 같은 날개가 아니어도
반드시 높은 하늘을 나는 기러기와 같은 날개가 아니어도
반드시 천사와 같은 은빛 날개가 아니어도 좋다

메뚜기와 같이 파닥거리는 날개여도
나비와 같이 팔랑거리는 날개여도
올빼미와 같은 멋없는 날개여도
벌과 같이 작은 날개여도
참새와 같이 볼품없는 날개여도
박쥐와 같은 우중충한 투박한 날개여도 좋다

땅속에 뿌리를 뻗고 있는 하늘나리도
하늘을 날고 싶어 날개를 달아
날개하늘나리가 되었다
다시 한번 날아보자
두팔과 두다리를 퍼득거리며 날아보자

넓은잎제비꽃

제비꽃과
Viola mirabilis L.

넓은잎제비꽃은 꽃이 진 후 줄기가 15~30cm까지 자라며 끝에 2장의 잎과 페쇄화를 피운다. 잎은 큰원형심장 모양이고 2~5cm 로 둔한 톱니가 있다. 꽃은 연보라색이고, 거는 흰색이며 꽃잎 안쪽은 털이 있거나 없다. 개방화는 결실을 못한다고하여 결실된 것처럼 보이는 열매는 헛열매로 취급하였다. 그러나, 실제로 현장에서 조사해본 결과 개방화나 페쇠화나 결실을 잘 하는것으로 보여진다. 폐쇄화는 3장의 꽃받침을 가지고 있다. 종명 mirabillis는 이상한이란 뜻을 가지며, 일본명은 이브키스미레로 이브키산伊吹山에서 처음 발견되어 붙인 이름이다.

강원도의 한지역에만 자생지가 있으며, 주위의 경작활동과 도로 확장 등으로 서식지 훼손에 직면해 있다. 제비꽃은 많은 이명을 가지고 있다. 씨름꽃과 장수꽃은 목이 고사리처럼 굽은 부분을 서로 걸고 양쪽으로 잡아 당겨 목이 끊어지지 않고 남는 쪽이 이기는 아이들 놀이에서 유래되었다. 병아리꽃은 이른 봄에 피는 제비꽃이 이제 막 부화된 병아리처럼 가녀리고 귀엽고 예쁘다는데서 붙여졌다. 반지꽃, 외나물꽃은 꽃으로 반지를 만들어 친구의 손가락에 끼워주거나 어린아이의 손가락에 끼워 준데서 유래된 이름이다. 종지나물은 자색꽃이 피고 쇠못처럼 단단하다 하여 자화지정紫花地丁, 한약명으로는 근근채菫菫菜, 넓은잎제비꽃은 다른 제비꽃과 다르게 넓은 잎을 갖고 있기 때문에 붙여진 이름이다.

제비 하면 흥부와 놀부의 이야기가 생각난다. 제비집에서 떨어져 발목이 부러진 새끼제비 다리를 고쳐주어 제비가 물어다 준 박씨 하나로 큰 부자가 된 흥부와 일부러 제비다리를 부러뜨려 고쳐주었다가 패가망신한 놀부의 얘기. 모두가 잘 아는 얘기이지만 요즈음의 시대가 멀쩡한 제비다리를 부러뜨리고 복을 기다리는 놀부의 모습들만 보이는 것 같아 안타깝기만 하다. 그런가 하면, 제비들의 꼬임에 넘어가 패가망신하는 여인네들의 이야기도 심심치 않게 들려 온다. 왜 이들을 제비라 했을까? 예부터 우리나라에서는 새들의 나는 모습을 춤으로 많이 묘사하였다. 기러기나 앵무새, 닭이나 학 등. 서양에서도 새의 모습을 춤으로 묘사했는데 아마도 그중에 팽귄의 모습이 있었나 보다. 팽귄과 같은 춤을 추기 위하여 팽귄의 모습을 한 춤옷을 만들었는데 그것이 우리나라 사람들이 보기에는 옷의 모양이 제비꼬리처럼 보여 제비연燕에

제비 : *Thesium chinense*

꼬리미尾자를 써서 연미복이라고 부른다. 지금은 많이 달라졌지만 전에는 다른 사람과 손을 잡고 춤을 추는 것을 상스럽게 생각하여 캬바레에서 춤을 추는 남자들을 가리켜 제비족이라고 부르지 않았나 생각된다.

또, 제비하면 제비뽑기가 생각난다. 성경에도 제비뽑기에 의해 하나님의 뜻을 찾았던 구절들이 여러 번 나온다. 대표적으로 구약에서 요나를 바다에 던진 사건이나 아간의 숨은 범죄를 찾을 때, 신약에서는 군인들이 예수님의 옷을 나눠 가질 때나 배반한 가롯 유다 대신 열한 제자의 한 사람을 보선할 때에도 제비뽑기를 한 장면들이 기술되어 있다. 본래 제비뽑기라는 말은 소의 갈비 안쪽에 길게 띠 모양으로 붙어있는 제비추리라고 하는 부위를 골라 내는데서 나온 말이라고 한다,

아무튼 강남에서 날아오는 제비와는 상관 없이 인간들의 행위에 따라 좋게도 나쁘게도 사용되는 제비라는 단어가 새삼스럽게 다가온다. 나의 모습 또는 다른 사람의 모습과는 아무런 상관없이 자신들의 필요에 따라 판단하고 판단 받는 모습이 마치 제비 같아서이다. 성경에서는 남을 판단하지 말라. 비판하지 말라, 헤아리지 말라 한 말씀은 바로 판단하고 비판하고 헤아리는 그 상태가 바로 나 자신의 모습을 보여 주는 것이기 때문일 것이다.

노랑만병초

진달래과
Rhododendron aureum Georgi

노랑만병초는 늘 푸른 작은 키 나무이다. 키는 1m 내외, 겨울에는 모든 식물들이 잎을 떨어뜨리고 몸을 웅크리지만 만병초는 짙푸른 잎새를 떨어드리지 않고 고산의 추운 겨울을 견디어 낸다. 봄이 오면 가지 끝에 5-7개씩 모여 나는 긴 타원형의 뒤로 말렸던 잎들이 펴진다. 가죽질이고 타원상 피침형이다. 잎의 윗면은 짙은 녹색, 뒷면은 연한 연두색이고 양면에 털은 없으며 그물맥이 뚜렸하다. 작은 가지에 난 잔털은 성장하면 없어진다. 꽃은 깔때기 모양으로 6~8월에 노란색 빛이 도는 흰색의 꽃들이 한자리에 모여 핀다. 열매는 좁고 긴 타원형으로 긴 암술대가 남는다. 만병초, 홍만병초 또는 붉은 만병초, 노랑만병초를 아울러 만병초라고 부르기도 하는데, 만병초는 지리산, 설악산, 강원도 이북 지역의 깊고 외진 곳에서 자라며 키가 1~5m로서 노랑만병초보다 크고 꽃은 흰색이다. 홍만병초는 울릉도 지역에서 자라고 꽃이 붉은색이며, 노랑만병초는 백두산의 정상 부군 등

북부지방의 아주 높고 깊은 산에서 군락을 이루어자란다.

만병초라는 이름 때문에 만병을 고칠 수 있는 풀로 사람들에게 오해하고 있지만, 만병초는 풀이 아닌 나무이다. 오해가 얼마나 무서운지 잎을 달여 마시면 모든 병이 낫는다고 하여 보이기만 하면 모조리 잘려나가 자연에서 만병초를 보기가 상당히 어려워졌다. 그래서 환경부에서 멸종위기 식물로 지정하고 있지만, 오해로 인해 좀처럼 훼손을 막기 어려운 종임에도 불구하고, 화훼상에서는 그리 어렵지 않게 구할 수 있다. 또한 일본에서는 많은 종류의 화훼종들이 육종되었다. 우리의 식물이 외국인들의 손에 의해 부가가치가 높아져 역수입해 들어온다는 것이 안타깝기만 하다. 한방에서 중요한 약용식물로 취급하고 있지만, 실재로는 만병통치와는 거리가 먼 식물이다. 만병초 잎에는 안드로메도톡신이라는 유독성분이 있는데, 이 성분은 호흡중추를 마비시켜서 잘못 복용하면 식도가 타들어가는 듯하고 설사와 구토가 나며 함부로 사용하면 위험하다. 잘못 사용하면 만변통치가 아니라 만병의 원인 될 수도 있다. 만병초의 줄기는 재질이 치밀하면서도 부드러워 지팡이를 만들기도 하는데, 이 만병초 지팡이는 중풍을 예방한다 하여 노인들이 이것을 선사 받으면 건강하게 오래 살라는 뜻으로 알고 귀하게 여기며 반가워한다고 한다.

한편으로, 만병초는 새집증후군의 원인물질인 톨루엔 제거능력이 우수하다고 한다. 또한 또한 음이온 발생량과 상대습도 증가량도 매우 높아, 자생식물로써 공기정화 식물로 개발 가치가 가장 높은 식물이다.

만병초는 석남화라고도 한다. 석남이라는 자를 가진 신라 사람인 최항은 부모의 반대로 사랑하는 여인과 만나지 못해 시름시름 앓다 죽었는데 며칠 후 사랑하는 여인에게 나타났다. 그때 그의 머리에는 석남화가 꽂혀 있었다고 한다. 이튿날 여인이 항의 집에 가서 죽은 항이 나타난 얘기를 하자 그의 관을 열어보니 죽은 항의 머리에 석남화가 꽂혀있었다고 한다. 죽은 항을 보며 슬픔에 숨이 넘어갈 것 같은 여인의 모습에 죽은 시체가 깜작 놀라 살아 일어나 30년을 함께 살았다는 전설이 내려온다. 그런데 실재로 서정주 선생의 시 중에 석남꽃 이야기라는 시가 있다.

"머리에 석남꽃을 꽂고
네가 죽으면
머리에 석남꽃을 꽂고
나도 죽어서
나 죽는 바람에
네가 놀래 깨어나면
너 깨는 서슬에
나도 깨어나서
한 서른 해만 더 살아 볼거나
죽어도 살아서
머리에 석남꽃을 꽂고
서른 해만 더 한번 살아 볼거나"

홍만병초 : *Rhododendron brachycarpum* var. *roseum*

서정주시인은 그의 시 대로 아내가 먼저 지병으로 세상을 떠나자 다음해에 시인도 시름시름 앓다가 저세상으로 떠났다고 한다.

만병초는 여러 이름이 있다. 이름마다 독특한 뜻이 있는데, 천상초는 하늘의 신선들이 가꾸는 꽃이라는 뜻이고, 만년초는 만년을 산다는 뜻이다. 만병초는 마치 수만명의 병사처럼 보인다고 하여, 또 만 가지 병을 고칠 수 있다고 하여 붙여진 이름이라고 한다. 칠리향이나 향수라는 이름은 꽃향기가 좋아 붙여진 이름으로, 중국에서는 제사를 지낼 때에 향나무 대신 이 나무의 잎을 태웠다고 한다. 일본어로는 '샤구나게' 라고 하여 화난 것을 던져버린다는 뜻이다. 이 꽃을 본 사람은 알겠지만 참으로 천상의 '위엄' 과 '존엄' 함을 가진 꽃으로 '장중' 함에는 감탄을 짓지 않을 수 없다. 일본사람들이 아니더라도 이 꽃 앞에 서면 불같던 화도 사그라져 버리는 그 평안함을 갖지 않을 수 없다, 식물치료라는 치료법도 있지만 야산의 꽃 하나가 세상의 그 무엇도 할 수 없는 인간의 감정을 다스릴 수 있다는 것이 신비하기까지 하다.

노랑붓꽃

붓꽃과
Iris koreana Nakai

뿌리줄기는 옆으로 뻗고, 줄기는 뭉쳐나며 곧게 선다. 수염뿌리는 노란빛을 띤 흰색으로 가늘고 길며 딱딱하다. 잎은 3~4개가 뿌리에서 나고 끝이 점차 뾰족해진다. 밑동에 마른 잎이 남는다. 4~5월에 노란색 꽃이 긴 꽃대 끝에 2송이씩 핀다. 열매는 6~7월에 익으며 넓은 달걀 모양이다.

노랑붓꽃은 한국 특산식물로 1914년에 일본의 나까이씨가 노령산맥의 끝자락에서 발견한 이래 문헌상으로만 존재하다가 1992년 변산반도에서 처음 발견하였다.

금붓꽃은 노랑붓꽃과 자생 환경도 비슷하고 꽃모양도 비슷하지만, 노랑붓꽃이 전체적으로 크기가 크고, 금붓꽃은 하나의 꽃대에 한송이의 꽃을 피우지만 노랑붓꽃은 하나의 꽃대에 두 송이씩의 꽃을 피운다는 점에서 구별된다. 또한 노랑붓꽃은 꽃이 필 때 자방(성숙하면 열매가 되는 부분) 아랫쪽 자루가 길어서 뚜렷하게 노출되지만, 금붓꽃은 자방이 노출되지 않고 열매가 맺는 시기에 자방 윗쪽의 자루가 노랑붓꽃보다 두드러지게 긴 특징이 있는 것으로 밝혀졌다.

종명 koreana은 '한국의'이라는 뜻으로 한국 특산식물임을 나타낸다.

베토벤이 좋아하던 꽃이 붓꽃으로, 사랑하는 연인을 만나러 갈 때 붓꽃을 들고 갔다고 하며, 하늘의 선녀가 무지개를 타고 땅위로 심부름을 왔다가 구름의 장난으로 무지개가 걷히자 하늘로 올라가지 못하고 땅에서 붓꽃으로 변했다는 이야기도 전해져 온다. 그만큼 붓꽃은 많은 사람들에 의해 시로, 그림으로, 글로, 노래로 사랑을 받아왔다.

붓꽃이 피는 계절에는 비가 많이 내리는데, 물을 머금은 꽃봉오리가 붓과 같다하여 붙여진 이름이다. 나의 중학교 시절엔 습자시간이 있었다. 이시간이면 먹물을 갈다 튀기고, 먹물을 엎

어버리기도 하고, 쓰지도 못하는 붓으로 글을 쓴다고 친구들의 얼굴에 붓으로 장난치며 떠들썩했던 기억이 떠오른다. 이제는 먹물도 보기 힘들어지고 습자시간도 없어졌지만 이 꽃으로 붓을 대신하여 하늘에 먼저가신 어머님께 편지를 쓰고 싶다.

노랑붓꽃 자방

금붓꽃 자방

금붓꽃 : *Iris minutiaurea*

단양쑥부쟁이

국화과
Aster altaicus wild. var. *uchiyamae* Kitam.

단양쑥부쟁이는 두해살이풀로 첫해의 줄기는 높이가 15cm이고 잎은 처음에는 뭉쳐난다. 꽃줄기는 지난해의 줄기에서 계속 자라고 높이가 30~50cm이며 털이 다소 있고 자줏빛이 돌며 가지가 많이 갈라진다. 뿌리에서 나온 잎(근생엽)은 꽃이 필 때 없어지고, 줄기에서 나온 잎은 어긋나고 줄 모양이며 길이가 3.5~5.5cm, 폭이 1~3mm이고 끝이 뾰족하며 털이 조금 있고 잎자루가 없으며 가장자리가 밋밋하거나 드물게 톱니가 있다.

꽃은 8~9월에 자주색으로 피고 줄기와 가지 끝에 지름 4cm의 두상화(頭狀花:꽃대 끝에 꽃자루가 없는 많은 작은 꽃이 모여 피어 머리 모양을 이룬 꽃)를 이루며 달린다. 열매는 수과이고 편평한 달걀을 거꾸로 세운 모양이며 털이 빽빽이 있고, 관모(冠毛)는 길이가 4mm이며 붉은 색을 띤다.

흔히 들국화라는 부르는 꽃은 존재하지 않는다. 쑥부쟁이류, 구절초류, 개미취류를 모두 들국화라고 한다. 이들의 구분은 꽃보다는 잎을 보고 구별하게 된다. 구절초는 꽃이 희거나 옅은 분홍색을 띠우며, 쑥부쟁이는 대부분 옅은 보라색이다. 또한 구절초류는 잎에서 강한 국화향이 나며, 쑥부쟁이류는 향기가 별로 없다. 쑥부쟁이와 개미취는 꽃이 피는 시기와 꽃모양이 비슷해 구분이 더욱 어렵다. 다만 개미취는 가장자리의 톱니모양이 가늘고 윗부분에서 가지가 많이 갈

대체 서식지에 꽃피운 단양쑥부쟁이

라진다. 쑥부쟁이류는 꽃잎수가 많고 약간 뒤로 젖혀진 듯 피지만, 개미취류는 쑥부쟁이에 비해 꽃잎수가 적고 앞으로 모여있는 듯 핀다. 쑥부쟁이 종류로는 쑥부쟁이, 단양쑥부쟁이, 가는쑥부쟁이, 가새쑥부쟁이, 개쑥부쟁이, 흰개쑥부쟁이, 눈개쑥부쟁이, 섬쑥부쟁이, 까실쑥부쟁이, 흰까실쑥부쟁이, 버드쟁이나물, 미국쑥부쟁이, 빗자루국화, 갯쑥부쟁이, 민쑥부쟁이, 옹긋나물, 쑥방망이 등 전문가가 아니면 구별하기 어렵다.

4대강 사업이 진행되면서 단양쑥부쟁이가 환경단체와 공사 담당자들 사이에 논쟁의 중심이 되었었다. 2011년 4대강 사업으로 자생지가 훼손되어, 대체서식지인 경기도 여주 강천섬에 이식한 단양쑥부쟁이가 꽃망울을 터뜨렸다. 이를 두고 대체지에 옮겨 심어도 본래의 환경과는 달라 모두 괴멸할거라는 환경단체와 활착이 잘되고 있기 때문에 문제없이 보존이 가능할거라는 공사자들사이에 대화와 양보 없는 끝없는 논쟁이 계속되고 있다. 단양쑥부쟁이는 두해살이풀로 첫 해에는 주로 영양생장을 그리고, 둘째 해에 꽃을 피워 종자를 생산한다. 종자는 비교적 발아율이 높아 증식률이 높다. 문제는 이식한 다음 해에 꽃이 피웠다 하더라도 그다음 해에 꽃이 피울 줄기가 살아 있느냐 하는 것과, 대체지가 종자가 발아하여 생장을 할 조건이 되느냐이다. 환경단체에서는 공사하는 측을 멸종위기식물을 보호하지 않는 '태만' 자들이라고 몰아붙이고, 공사자들은 자신들은 홍수의 재해를 줄여주는 '공훈' 자라고 주장한다. 어떻게 보면 양쪽 다 국가를 생각하는 '애국심' 이 대단한 사람들이라고나 할까? 문제는 불신으로 인해 서로를 이해하고 함께 머리를 맞대고 문제를 해결하려고하는 소통의 마음이 없다는 것이다. 단지 단양쑥부쟁이 뿐 아니라 개발이라고 하는, 그리고 인간의 이익이 우선이라는 이유로 수없이 많은 동식물들이 수난을 당하는 지금의 시대에 좀 더 서로가 머리를 맞대고 함께 공존하는 지혜를 찾아야 인간과 자연이 함께 살아남을 수 있을 것이다.

개쑥부쟁이 : *Aster meyendorfii*

쑥부쟁이 : *Kalimeris yomena*

닻꽃

용담과
Halenia corniculata (L.) Cornaz

닻꽃은 꽃의 모양이 배의 닻과 모양이 비슷하여 붙여진 이름이다. 지리산 및 중부 이북의 산지에 나는 1년생 또는 2년생 초본이다. 생육환경은 양지바르며 습도가 높은 지역의 풀밭에서 자란다. 키는 10~60㎝이고 식물 전체에는 털이 없으며 줄기는 가늘고 곧 바로 서며 가지가 많이 갈라지고 4개의 능선이 있다. 잎은 긴 타원형이며 마주나고 뒷면 맥 위와 가장자리에 잔 돌기가 있다. 꽃은 6~8월에 줄기 끝과 잎겨드랑이에 연한 황록색으로 핀다. 처음엔 노란색의 꽃들이 차츰 붉은 색으로 물든다. 화관의 아래쪽은 약간 길며 4개로 갈라진 꽃

불을 갖는다. 종모양의 화관도 4부분으로 갈라지며 끝이 뾰쪽하고 끝에 잔 도드라기가 있다. 갈라진 화관의 아래 부분에 다른 용담과 식물과는 달리 거가 있다. 열매는 9~10월에 뾰족하게 달리고 종자는 두 쪽으로 터진 씨방에 들어 있으며 타원형이다. 주로 경기도, 강원도 고산에서 서식하며, 군용도로와 임도등의 개발로 서식지가 감소하고 있다.

유사식물로 같은 용담과 용담속에 비로용담 *Gentiana jamrsii*이 있다. 비로용담은 금강산에서 발견되어 비로용담이라 하며 남한에서는 용늪에서 볼 수 있다.

멸종위기식물들을 만나려면 대부분 높은 산을 오르지 않으면 안된다. 적어도 1000m이상의 산들을 올라야 한다. 대학교 4학년때 졸업여행으로 한라산을 등반한 적이 있다. 아직 젊고 힘이 있다고 생각하여 한라산 정도야 생각하고 점심은 다른 친구에게 맡기고 친구들과 함께가볍게 산을 오르기 시작하였다. 제일 먼저 산 정상에 올라 그 기쁨을 누린 것은 잠시뿐 이었다. 정상에 앉아 점심을 가지고 오는 친구를 기다려도 기다려도 소식이 없다. 드디어 나타난 반가운 얼굴, 그러나 이미 내가 먹어야 할 점심은 다른 친구의 배속에 들어간 후였다. 하산하기 시작한 산길 왜 이리도 멀고 긴지, 그때는 지금과 달라 정상에서 걸어 제주시의 숙소까지 내려와야 하였다. 빙글 빙글 도는 눈, 축 풀어져 버려 금방이라도 주저앉고 싶은 두 다리, 옆에서 떠벌거리며 내려오는 친구들이 그렇게 미울 수가 없다. 겨우겨우 숙소에 도착하여 너무나 어지럽고 힘이 빠져 저녁도 먹지 못하고 밤을 새워야 했던 시간이 지금도 잊혀지지 않는 추억으로 남아 있다. 그 후로 산을 오를 때면 반드시 내가 먹을 것은 내가 짊어지고 거기에 쵸코렛은 꼭 비상 식품으로 챙기는 버릇이 생겼다.

닻꽃을 담기 위해서는 험한 산을 올라야 한다. 높은 산은 날씨를 믿을 수가 없다. 언제 비가 쏟아져 내릴 지 모른다. 만반의 준비를 하여야만 한다. 그렇게 하여 만난 닻꽃. 처음 만난 순간 감탄이 안 나올 수가 없다. 어쩌면 이렇게 닻을 꼭 닮았을까? 지구의 3/4이 물로 뒤덮여 있어 그 물위를 자유롭게 다니기 위해서는 배가 있어야 하지만 이 배도 닻이라는 도구가 없으면 멈추거나 정박을 할 수가 없다. 한없이 떠돌아다녀야 하는 것이다. 무서운 풍랑 속에서도, 잔잔하지만 끊임없이 출렁되는 바다위에서도 배와 땅을 연결시켜주는 것이 바로 닻이다. 어부들은 그들의 삶에 절대적으로 필요한 닻에 '어부의 꽃' 이라는 별명을 붙여 주었다. 그 어부의 꽃인 닻이 어떠한 연고로 이곳 높은 산에 닻을 내린 것일까? 노아의 홍수로 방주가 떠돌아다니다 물이 빠지면서 높은 산 중턱에 멈추었다는데 방주에 닻이 없어 떠돌아다닌 방주가 안쓰러워 이 높은 산에 닻을 걸어 놓은 걸까? '비밀' 을 참 많이 간직하고 있는 듯한 꽃이다.

비로용담 : *Gentiana jamesii*

대성쓴풀

용담과
Anagallidium dichotomum (L.) Griseb.

대성쓴풀이 발견된 금대봉을 중심으로 "대성산, 대덕산 자연생태계 보전지역"을 설정하였으나 실제로 이 지역에는 대성산이라는 산이 없어 "대덕산 금대봉 생태계 보전지역으로 이름을 바로잡았다. 그러나 대성산에서 유래한 대성쓴풀이라는 식물 이름은 그대로 사용되고 있다. 산지의 비교적 양지바른 곳에 나는 여러해살이풀이다. 줄기는 비스듬히 서며 네모지고 약하며 많은 가지를 갖는다. 잎은 마주나며 끝은 둔하고 밑은 가늘고 길게

되어 엽병으로 된다. 5~6월에 가지 끝이나 잎겨드랑이에 백색으로 된 4장의 꽃잎을 가진 꽃을 피운다.

태백에 극히 제한적으로 분포하며, 주차장 건설 등으로 인해 자생지 훼손이 심각하다, 본인도 주차장 주변에서 겨우 명맥을 유지하고 있는 개체의 사진을 담을 수 있었다.

이 꽃을 만나기 위해 대덕산에 오르다 보면 검룡소를 지나게 된다. 한강의 발원지라는 검룡소에는 재미있는 전설이 전해져 온다.

서해에 살던 이무기가 용으로 승천하려고 강줄기를 거슬러 올라와 이 소沼(늪)에 들어가기 위해 몸부림을 치다가 지금의 폭포를 만들었으며, 인근에서 풀을 뜯던 소가 물을 먹으러 이 소에 오면 그 소를 잡아 먹어버려 동네사람들이 메워 버렸다는 이야기도 전해진다. 검룡소에서 솟아나오는 물은 하루 약 2,000톤 가량으로 이 물은 금대봉 기슭의 제당굼샘과 고목나무샘, 물골의 물구녕 석간수와 예터굼에서 솟아난 물이 다시 지하로 스며들었다가 검룡소로 다시 솟아나와 장장 514.4km의 긴 여행을 하며 남한강을 발원한다고 한다.

유사식물인 네귀쓴풀 *Swertia tetrapetula* 이나 큰잎쓴풀 *Swertia wilfordii* 도 네 장의 꽃잎으로 되어있다. 네귀쓴풀은 꽃잎 표면에 파란색 점들이 많으며 큰잎쓴풀은 전체적으로 크기가 크다. 글자 그대로 잎을 씹어보면 쓴맛이 강하다. 쓴풀 집안은 용담과인데 용담이 용의 쓸개이니 용담은 안 먹어 보았지만 곰의 쓸게인 웅담의 쓴맛을 생각하면 얼마나 쓸지 짐작이 간다. 쓴풀은 용담보다 몇 배나 쓰다고 한다. 한방에서는 당약이라고 하여 입맛이 없거나 소화불량일 때 사용하며, 민간에서는 쓴풀의 농축액을 샴프에 섞어 사용하면 탈모나 두피의 염증치료에 효과가 있다고도 전해진다. 씨앗의 발아가 잘되므로 재배하며 관상하거나 약제로 사용하면 좋겠는데 몇 푼 아끼겠다고 또는 쉽게 보이는 대로 채취해 버려 자연에서 사라져 가는 것이 안타

깝다. 사실 멸종위기식물의 많은 종들은 비교적 번식이 잘되는 종들이다. 자연의 것을 채취하기보다는 필요한 만큼 재배하여 감상하거나 여러 용도로 사용하는 지혜가 필요해 보인다.

네귀쓴풀 : *Swertia tetrapetala*

우리는 가끔 쓴맛을 보아야 단맛을 알 수 있다는 말을 사용한다. 자기의 의도대로 되지 않았거나 이유도 없이 타인으로부터 어려움을 당했을 때, 또는 어떠한 일에 겁 없이 달려들었다가 실패하였을 때 쓴맛을 보았다고 한다. 커피의 종류 중에 가장 쓴맛을 내는 것이 에스프레소라고 한다. 이 커피를 즐기는 사람들은 마실 때는 쓰지만 달콤하고 깨끗한 뒷맛 때문이라고 한다. 또한 인생도 쓴맛을 모르면 달콤하고 오묘한 삶의 뒷맛을 알 수 없다고 한다. 예부터 "몸에 좋은 약은 쓰다"고 하는데 영어에도 "A good medicine tastes bitter"라는 속담이 있다. 문제는 현재 느끼고 있는 삶의 상태를 어떻게 받아드리고 즐기는가에 행복의 열쇠가 있는 듯하다.

대청부채

붓꽃과
Iris dichotoma Pall.

대청부채는 대청도와 백령도의 해안절벽, 능선의 초지 등 생육조건에 크게 제한을 받지 않고 자란다. 줄기는 굵으며 중간중간에 굵은 마디가 불규칙하게 나 있고 곧추 서며 위부분에서 가지가 갈라진다. 잎은 납작한 칼 모양으로 줄기 아래쪽에 6~8장의 잎이 나와 부챗살 모양이 된다. 꽃은 양성화로 7~9월에 가지 끝에서 꽃대가 2개로 갈라져 연보라색으로 피며 오후 늦게 꽃이 피는 습성이 있다. 보라색 열매는 타원형으로 녹색으로 익으며 씨는 달걀모양으로 검고 날개가 있다. 뿌리는 천근성(뿌리가 밑으로 뻗지 않고 지면과 가까이에 있는 것을 말함)으로 수염뿌리처럼 많이 난다. 줄기와 잎은 범부채를 닮고 꽃은 붓꽃을 닮았다. 연보라빛의 꽃이

아름다워 원예종으로의 육종에도 가치가 높다. 비교적 종자발아도 잘되며 포기나누기로도 쉽게 번식한다.

중국의 중부에서 몽고와 만주 그리고 시베리아동부까지 분포한다. 대청도에는 원나라 마지막 황제인 순제가 어릴 때 고려의 땅에 유배되었다는 옛 집터가 남아 있는데, 그곳에서 대청부채가 발견되어 '대청부채'라고 한다. 이제는 멸종위기종으로 보호를 받아야하는 대청부채의 처지와 마찬가지로 순제는 황제가 되어서도 쿠빌라이가 건설한 거대하고 화려한 수도 대도에서 주색에 빠져 있다가 명나라 군대에 쫓겨 대도를 버리고 몽골 초원으로 도망가 거기서 생을 마치고 만다. 그의 부인 기황후는 고려 여자라고 하니 더욱 안쓰럽기도 하다.

유사식물인 범부채와 마찬가지로 꽃잎을 꼬아 꽃가루가 암술머리에 붙지 않을 수 없도록 하여 수정을 시킨다. 우리의 어머니들이 자식을 위험으로부터 지키기 위하여 온몸으로 감싸안는 모습이다. 그럼에도 씨를 잘 맺지 못하는 서글픔이 순제황제와 연이 닿은 것 같아 가련함을 느끼게하는 꽃이기도 하다. 그러나 점점 귀해지고 만나기도 어려운 꽃이라 야외에서 이 꽃을 만나면 '비 온 뒤에 보는 무지개처럼 기쁜' 마음을 얼굴에서 감출 수가 없다.

범부채 : *Belamcanda chinensis*

대흥란

난초과
Cymbidium macrorrhizum Lindl.

대흥란은 Cymbidium 속으로 보춘화나 한란과 같은 속에 속하는 식물이지만 부생식물로 잎이 없어 무엽란이라고도 한다. 근경은 길이 15cm 정도이다. 꽃줄기는 높이 15~20cm로서 털이 없고 마디에 초상엽이 있으며, 꽃은 7~9월에 피며 홍자색이 도는 꽃이 2~5개의 꽃이 달린다.

처음 해남 두륜산 대흥사 주변산에서 발견되어 대흥란이라 부르게 되었다. 현재는 전국의 산지에서 발견되어지고 있다. 잎도 없이 꽃만 피어내는 자태와 꽃의 모습은 아름답다고 하기보다는 신비하다. 꽃의 아름다움 때문에 많은 애호가들이 채취하려는 유혹을 물리칠 수가 없지만, 자생지에서 옮기면 살지 못하고 모두 죽게 된다. 계속 보고 싶다면 자생지를 파괴하지 않는 길 뿐이다.

대부분의 식물은 공기 중의 이산화탄소와 뿌리에서 흡수한 물을 태양에너지를 이용하여 엽록체에서 광합성이라는 과정을 거쳐 당을 합성하여 살아간다. 동물들이나 버섯 그리고 미생물은 엽록체가 없으므로 스스로 유기물을 합성하지 못하므로 이미 만들어진 유기물을 분해하여 살아가게 된다. 애기무엽란이나 새둥지란, 천마, 백양더부살이, 수정란풀, 그리고 대흥란과 같은 잎을 가지지 않는 식물들은 스스로 광합성을 통한 영양분을 만들지 못하므로 다른 식물이나 동물 또는 배설물이 분해될 때 생기는 유기물을 영양원으로 살아간다. 이러한 식물들을 부생식물이라고 한다. 버섯은 식물처럼 꽃을 피우지 못하고 열매를 맺히는 대신에 포자를 통하여 증식하므로 균류에 속하며, 부생식물은 꽃을 피우고 열매를 맺으므로 식물에 속한다. 부생식물은 뿌리에서 공생하는 근균이 중요한 역할을 한다. 근균은 대부분의 식물의 뿌리에 공생하며 가장 대표적인 것이 소나무 뿌리와 공생하는 송이버섯(균)이다. 근균은 식물의 뿌리에 기생하여 식물에 양분을 공급해 줌으로써 식물의 생장에 없어서는 안되는 균이다. 이러한 이유로 부생식물은 주위 환경의 변화에 매우 민감하며, 자생지가 파괴되거나 환경이 변하거나 옮겨지면 살수가 없게 되는 취약한 종으로 특별한 보호가 요구된다.

나도수정초 : *Monotropastrum humile*

애기무엽란 : *Neottia asiatica*

한라새둥지란 : *Neottia hypocastanoptica*

독미나리

미나리과.
Cicuta virosa L.

독미나리는 미나리와 마찬가지로 물기가 많은 곳에서 자라는 여러해살이풀이다. 미나리에 비해 키가 훨씬 커서 1m에 달한다. 밑둥 줄기는 초록색이고 지름 2-5cm로 긴 육질의 뿌리들이 뭉쳐 내리며 종단면에서 보면 약간 빈공간을 두고 격막들이 겹쳐 있는 모양이다. 잎의 아래 부분은 미나리와 마찬가지로 속이 비어 있으며 잎은 2~3번 정도 날개 모양으로 갈라지며, 잎자루 밑은 넓게 벌어져 줄기를 감싼다. 꽃은 하얀색이며 6~8월에 꽃줄기 끝에 5~15개의 작은 꽃자루로 갈라지고 각각 10여개의 꽃이 핀다.

우리에게 친근한 미나리는 성의, 고결이라는 꽃말처럼 복어의 독을 제거할 정도로 우리에게 이로운 채소이지만, 독미나리는 일명 독근이라고 할 정도로 강한 독을 가지고 있는 식물이다. 뿌리에 cicutoxin이라는 물질이 있어 먹으면 신경중추가 마비되고 심장박동이 빨라지며 호흡이 곤란해진다고 한다. 미나리라는 친근한 이름 때문에 함부로 먹다가는 생명을 잃을 수도 있다. "너 자신을 알라" 는 말로 유명한 소크라테스는 국가가 인정하는 신들을 인정하지 않고

혼란스러운 이론으로 사회를 어지럽히고 청년들을 타락시켰다는 이유로 고발을 당하고 사형을 선고받자 "악법도 법이다"라는 말을 남기며 '죽음도 아깝지 않은' 듯 담담하게 독약을 마시고 생을 마감했다. 이때에 마신 독이 독미나리를 삶은 물(conium)이였다고 한다. 또한 2차대전 당시에 지치고 배고파하는 병사들을 지켜보던 장교가 풀을 베어와 함께 끓여 먹었는데 모두가 전멸하였다고 한다. 그때 끓여 먹은 풀이 바로 독미나리였다고 한다. 미나리와 달리 향이 없고 생김새가 매우 비슷해서 잘못 먹고 중독되는 경우가 많으므로 주의하여야 한다.

소크라테스가 "악법도 법이다"라는 말을 했는지에 대해서도 이의가 많고, 또 그 해석에 있어서도 '아무리 불합리한 법이라도 사회적인 약속인 만큼 법을 바꾸지 않는 이상 지켜야 한다'라는 해석과 부당한 판결에 대한 반어법적 표현이라는 의견이 있지만, 결국 법을 지켜야 한다는 것은 결론인 것 같다. 예수님도 바리새인들과 유대인들의 지도자들에 의해 고발을 당했을 때에 죄가 없었음에도 불구하고 묵묵히 받아들이며 오히려 알지 못하고 행하는 그들의 잘못을 용서해 달라는 기도를 드린 것을 볼 수 있다. 독미나리와 미나리를 구별하기 어렵듯 요즈음 우리의 사회는 좋은 것과 나쁜 것, 사실과 거짓의 구분이 힘든, 모든 것을 불신하는 불신 속에서 헤어 나오지 못하는 것 같다. 정치인도, 종교인도, 지식인도, 재벌가도, 교육자도, 법도, 너도 심지어는 나 자신도 믿지 못하는 불신의 시대이다. 소크라테스나 예수님처럼 비록 지금 나에게 득이 되지 않거나, 심지어는 믿기 때문에 '죽음도 아깝지 않다' 라는 신뢰의 사회는 불가능한 걸까?

미나리 : *Oenanthe javanica*

매화마름 | *Ranunculus trichophyllus* Chaix var. *kazusensis* (Makino) Wiegleb

매화마름은 논에 자라는 한해 또는 두해살이풀이다. 길이가 50cm에 달하며 줄기는 속이 비어 있고 마디에서 뿌리가 나온다. 잎은 전부 물속에 들어 있고 3~4회 갈라져서 실같은 모양이다. 꽃은 4~5월에 피며 지름이 1cm 정도로서 백색이고, 잎과 마주나는 꽃자루는 길이 3~7cm로 물위로 올라와서 끝에 1개의 꽃이 달린다. 꽃잎은 5개이며 도란형으로서 밑부분에 누런빛이 돌고, 여러개의 수술과 암술도 노란 빛을 띤다. 꽃은 물매화와 비슷하고, 잎은 붕어마름을 닮았다고 하여 매화마름이라고 한다. 매화의 꽃말은 '고결'과 '기품'인데 매화마름역시 매화 못지 않게 고결함과 기품이 넘친다. 강화 초지리 매화마름군락지는 세계적인 습지보호를 위한 국제조약 람사르에 2008년 등록되었다. 또한 시민들의 자발적인 기부를 통해 소중한 자연환경과 문화유산을 보호하자는 시민들이 모여 이들을 지키기 위해 2002년 지정된 시민자연유산 1호이다. 매화마름은 주로 논에 살기 때문에 5월이면 모를 심기 위해 갈아엎어져 그 생명을 다하고 다시 새로운 봄맞을 준비를 위해 깊은 잠에 들어간다.

우리나라 논 어디서나 물방개, 물자라 등과 함께 자생하던 식물이지만 제초제 살포와 농민들의 무관심으로 이제는 멸종위기에 처해있는 식물이다. 자연스럽게 살던 풀들이 무차별한 독성 농약으로 인해 멸종된 곳에서 수확한 쌀을 먹는 우리의 몸은 건강하다고 할 수 있을까? 때깔좋고 넉넉하고 풍성한 수확으로 인해 우리의 살림살이는 풍족해졌지만 많은 자연의 생물들을 잃은 것만큼 여유롭고 행복한지는 별개의 문제인 것 같다. 부족함 속에서도 자연과 함께하며 나누기를 좋아했던 우리 민족이었건만, 이제는 넉넉함 속에서도 나눌 줄 모르고, 식탁은 풍부해졌지만 비만과 오염으로 걱정하며, 없어서가 아니라 안심할 수 없어서 먹을거리를 걱정하며 산다. 계속하여 무분별한 개발과 파괴 그리고 비료나 농약으로 인하여 자연이 숨을 쉬지 못하고 죽어갈 때 우리 사람들도 함께 죽어 간다. 죽어가는 논과 밭이 생물들이 숨을 쉴 수 있는 곳으로 회복되어 점점 사라져가는 매화마름이나 들풀들이 논과 밭에서 안심하고 먹을 수 있는 먹을거리와 함께 공존할 수 있도록 자연을 더욱 아끼는 날이 오기를 기대한다.

붕어마름 : *Ceratophyllum demersum*

물매화 : *Parnassia palustris*

무주나무

꼭두서니과
Lisianthus japonicus Miq.

무주나무는 제주 곶자왈의 상록수림 아래에서 자라며 높이는 1.5m 정도이다. 가지는 가늘고 길며 줄기는 초록색이고 털이 없다. 마디가 있는 것처럼 보이지만 잎이 달렸던 흔적이 남아 있어 마디가 발달되어 있는 것처럼 보인다. 잎은 마주나며 긴 타원형으로 잎의 표면에는 털이 없다. 잎 가장자리는 밋밋하며 끝이 길다. 잎자루는 약 1㎝정도이다. 꽃은 잎겨드랑이에서 피며 흰색이며 안쪽에 털이 밀생한다. 꽃자루가 거의 없다. 화관은 5개로 갈라지며 길이는 약 1㎝이다. 열매는 푸른색으로 익는다.

수정목이나 호자나무와 같은 꼭두서니과로 꽃모양은 비슷하지만 호자나무는 가시가 있어 호랑이를 찔렀다고 하여 붙여진 이름이라고 한다. 열매도 붉은 색으로 익는다.

호자나무 : *Damnacanthus indicus*

역시 같은 꼭두서니과인 늘푸른 여러해살이 풀인 호자덩굴과도 꽃이 비슷하다. 호자덩굴은 가시가 없으나 열매는 붉게 익는다.

우리나라에 현재 자생지에 있는 무주나무는 몇 그루에 불과하다. 빠른 시일 안에 증식시키지 않는다면 우리나라에서는 완전 멸종될지도 모르는 위기종이다. 꽃이 예쁜 것도 아니고 열매나 가지 잎 등을 약용으로 사용하는 것도 아니어서 사람의 손을 타는 것도 아니지만 워낙 어두운 곳, 그리고 돌밭 같은 불모지에서 살고 있을 뿐만 아니라 그 생육이 매우 느려 다른 식물과의 경쟁에서 살아남기 힘든 식물이다.

호자덩굴 : *Mitchella undulata*

세상에는 스스로 살아가기 힘든 사람들이 많다. 어린아이들, 노인들, 그리고 지체장애인들 등등. 인간을 단순히 생존경쟁에 의해 진화된 생물체로 보는 진화론적 사상에 의하면 이들은 어찌 보면 경쟁에서 뒤쳐진 존재로 밖에는 보이지 않을 지 모른다. 세상을 오직 경쟁으로만 바라보는 눈으로는 도저히 이들을 용납할 수가 없다. 아니다 나도 그들을 사랑한다고 하는 것은 가식이요 거짓이라고 단언할 수 있다. 예수는 이러한 자들을 위해 이 세상에 오셨다는데, 예수를 믿는 자로써 다시 한 번 자신을 돌아본다. 나는 그들을 얼마나 돌아보고 있는가? 정말로 그들에게 내손을 펼치고 있는가? 내 발이 그들에게 다가가고 있는가? 그들을 보듬고 껴안아 본적이 얼마나 되는가? 긍휼이 여기는 마음에서 더 나아가 가진 것을 나누고 있는가? 하나님과 주님 앞에서 한없이 부끄럽기만 하다.

수정목 : *Damnacanthus major*

물고사리

물고사리과
Ceratopteris thalictroides (L.) Brongn.

물고사리는 습지에 사는 한해살이 양치식물이다. 잎자루의 밑 부분에는 달걀 모양의 엷은 갈색 비늘 조각이 있다. 잎은 영양엽과 포자엽의 구별이 뚜렷하다. 영양엽은 달걀 모양 또는 달걀 모양의 삼각형이고 1~3회 깃꼴로 깊게 갈라지고 그물맥을 이루며, 갈라진 조각은 크기가 일정치 않고 윗부분의 조각 중에는 포자엽으로 변하는 것도 있다. 잎 표면이나 잎이 갈라지는 곳에서 무성아(無性芽)가 생겨 새로운 개체로 발달한다. 포자엽은 길이가 50cm에 달하고 1~3회 깃꼴로 갈라지고, 갈라진 조각은 줄 모양이며 잎자루가 없고 가장자리가 뒤로 말린 곳에 포자낭이 달린다. 포자낭은 8~10월에 익는다. 역시 멸종위기 보호식물인 참물부추도 양치식물이다.

물고사리는 70여 년 동안 발견되지 않아 그동안 멸종된 것으로 생각하였으나 2005년 남쪽 지방의 몇 군데에서 다시 발견되기 시작하여 지금은 여러 곳에서 서식하고 있음이 밝혀지고 있다. 그러나 역으로 재발견된 지역에서 다시 보이지 않는 지역도 생겨나고 있다. 주로 논에 서식하다 보니 농약의 과용으로 인하여 언제 다시 사라질지 모르는 종이다. 2011년 순천지역의 자생지를 찾아가 보았지만 2013년 순천만국재정원박람회 공사장으로 변하여 처음 발견된 지역은 모조리 사라져 버렸다. 다행히 아직 공사가 진행되지 않는 지역에서 대량으로 서식하는 지역을 발견하였지만, 공사가 계속하여 그곳까지 진행되고 있어서 한 두 달 후면 모조리 살아져 버릴 운명이었다. 다행히 환경부와 순천시 환경과에 연락하여 박람회장의 장소에 이식하여 보존하겠다는 연락을 받았지만 아직도 개운하지 못하다. 사실 물고사리의 사진을 담기 위해 물고사리의 서식지를 순천시 환경과에 물어 보았지만 물고사리가 어떤 것인지 또 멸종위기식물 보호종인지, 그곳에 물고사리가 서식하고 있는지조차도 전혀 알지 못하고 있었다. 알고 있으면서도 박람회장 공사 때문에 모르는 척 했을 지도 모른다는 씁쓸함을 지금도 지울 수가 없다. 다른 것도 아닌 정원박람회장을 만든다면서 거기에 서식하는 멸종위기식물을 모르는 척하는 논리는 도대체 어떻게 성립되는 것일까? 개발과 경제의 논리에 알게 모르게 사라져 가는 수없이 많은 식물들이 너무나 많음을 본다. 알면서도 슬그머니 눈감아 버리고, 환경단체나 일부의 관심있는 사람들에 의해 발견되고 항의가 들어가면 그때에야 부산을 떠는 행정이나 개발이 언제쯤 멈출 수 있는 걸까? 시간이 조금은 걸리더라도 진심으로 어깨와 머리를 맞대고 모두에게 득이 되는 방법을 찾는 모습은 볼 수 없는 것일까?

미선나무

물푸레나무과
Abeliophyllum distichum Nakai

미선나무는 충북 진천, 괴산, 영동, 북한산, 전북 변산반도의 산지나 석회암 지역에 나는 한국특산으로 낙엽활엽관목이다. 높이 1~2m에 달하고 가지는 끝이 처진다. 잎은 마주나며 난형이고 끝이 뾰족하다. 잎의 표면은 짙은 녹색, 뒷면은 연두색이고 잎 뒷면에 가는 털이 난다.

꽃은 3~4월에 잎보다 먼저 가지 끝에 흰색 또는 연분홍색으로 아래로 향하여 핀다. 꽃잎은 종 모양으로 4갈래로 갈라지며 끝이 둥굴다. 열매는 둥근 부채모양이다. 미선나무라는 이름은 한자 미선尾扇에서 유래되었다. 미선이란 옛날 조상들이 사용하였던 둥근 부채의 일종으로 미선나무의 열매모양이 마치 미선과 흡사하기 때문에 붙여진 것이다. 옛 그림들에 보면 '선녀' 들이 부채같은 것들을 들고 있는 것을 볼 수 있다. 또한 사극에서도 임금의 뒤에 부채 같은 것을 들고 서있는 미녀들을 볼 수 있는데, 미선나무의 열매 모양이 그것들과 비슷하다하여 미선나무로 불린다. 속명 Abeliophyllum 은 댕강나무 잎을 닮았다는 뜻이며, distichum은 "두 줄로 나란히"라는 뜻으로, 잎이 두 줄로 나란히 달린 모양 때문에 붙여졌다. 산개나리도 입자루가 2줄로 배열되어 비슷하지만, 꽃의 색이 다르다. 모양은 산개나리나 개나리 꽃과 비슷하지만 크기가 약간 작고 하얀 꽃이 달리며 산개나리나 개나리보다 더 빨리 핀다. 네 가지 정도의 색깔이 있으며 향기가 난다. 꽃부리는 개나리꽃 같으나 가늘게 갈라지고 꽃부리 조각이 더 꼬인다

미선나무는 미선나무속으로 세계에서 한 종만 분포하는 한국 특산이다. 우리 자생식물들은 이런 저런 이유로 일본을 위시한 원예 선진국에 일찌 감치 반출되었다. 우리나라 자생식물의 대부분이 이미 외국으로 반출된 것으로 알려져 있다. 미선나무는 일본으로 건너가 흰개나리로 이름을 바꾸어 수입되고 있으며, 섬말나리 역시 일본에서 독도의 일본식 이름인 죽도를 붙여 '죽도백합' 이라는 이름으로 마치 자신들의 꽃인 것처럼 행세를 하고 관심과 인기를 끌고 있다. 나도승마는 우리나라 자생지에서는 찾아보기 어렵지만 유럽의 많은 식물원에서 오히려 쉽게 만날 수 있다. 구상나무는 크리스마스트리로 인기가 높으며, 정향나무는 미국에서 미스킴라일락으로 성형되어 역수입되고, 꽃이 예쁘고 상록성으로 추위에 강한 성질을 가진 토종 옥잠화 종류도 미국에서 잉거비비추로 변신하여 세계 옥잠화 시장을 누비기 시작하고 있다.

그럼에도 불구하고 아직까지 우리가 원예식물로 개발한 우리 꽃이나 우리 꽃을 개량하여 만든 원예품종이 국제 원예시장에서 인기를 끌고 있다는 소식은 없는 것 같다. 다행히 개인 육종가인 이재경 선생에 의해 산국이나 감국 그리고 쑥부쟁이와 구절초의 육종이 이루어지고 있는 것에 대하여는 더없이 반가운 일이다. 들국화류, 나리류, 개느삼 등등 우리에게 좋은 유전자원이 있다고 자랑만 할 것이 아니라 더 이상의 유출을 막고 또 육종을 통해 우리의 것을 더욱 아름답게 만들어 세계를 누비는 그러한 소식들이 전해지길 기대한다. 그러기 위해서는 단시간에 눈앞의 결과만을 기대하기보다는 훌륭한 육종가의 양성과 꾸준하고 장기적인 투자가 필요할 것이다.

미선나무는 산개나리나 개나리와 비슷한 모양의 꽃을 가지고 있지만 이들과 달리 매우 향기로운 냄새가 나며 향이 마치 '선녀' 의 몸에서 나는 향이라는 느낌이 들 정도이다. 세상 모든 사람들은 자기만의 냄새를 가지고 있는 듯하다. 그 중에는 곁으로 더 다가가 계속 맡고 싶은 향 같은 냄새를 풍기는 사람이 있는가 하면, 아무런 느낌도 없는 냄새를 가진 사람, 반대로 얼굴이 오만상을 만들 정도로 묘한 냄새를 발하여 가능한 멀어지고 싶은 사람도 있다. 기왕이면 주위의 악취들을 제거하며 기분을 좋게 만드는 냄새를 풍기며 살아가는 사람들이 더욱 많아졌으면 좋겠다.

산개나리 : *Forsythia saxatilis*

백부자

미나리아재비과
Aconitum coreanum (H.Lév.) Rapaics

백부자는 풀밭이나 관목 숲에서 자라는 여러해살이 풀이다. 줄기는 곧게 서며 높이 약 1m이다. 잎은 어긋나고 3~5개로 갈라지며 각 갈래조각은 다시 갈라지는데, 마지막 갈래조각은 끝이 뾰족하다. 잎자루는 위로 갈수록 짧아진다. 꽃은 7~8월에 피고 연한 노란색 또는 노란색 바탕에 자줏빛을 띤다. 작은 꽃자루에 짧은 털이 빽빽이 나고 꽃받침조각은 5개이며 꽃잎처럼 보인다. 뒤쪽의 것은 고깔 모양이고 앞의 모양이 이마처럼 튀어나와 있으며 옆의 것은 둥글며 밑의 것은 비스듬히 퍼진다. 2개의 꽃잎은 뒤쪽 꽃받침조각 속에 들어 있다.

뿌리는 과거에 사약을 만들 때 사용하던 독초로 강한 독이 있어 생으로 먹으면 독중독으로 사망할 수도 있다. 그리이스 신화에도 백부자의 독에 관한 이야기가 전해져 온다. 아테네의 왕 아이게우스와 트로이센 왕의 딸 아이트라와의 사이에서 태어난 테세우스는 궁을 떠나 긴 여행 끝에 늠름한 남자로 다시 왕 앞에 나타난다. 이 모습을 본 아름다운 마녀 메데이아는 그를 질투하여 테세우스를 없앨 궁리로 독배를 신들의 음식으로 속여 테세우스에게 권한다. 그러나 이를 수상히 여긴 테세우스는 속지 않고 메데이아에게 먼져 마셔보라고 하자 당황한 메데이아가 잔을 대리석 바닥에 던졌는데 대리석이 부글부글 타면서 녹았다고 한다. 이 독극물이 바로 백부자로 만든 것이라고 한다.

한방에서는 안면신경마비 치료제로 사용한다. 백부자라는 의미는 땅속에 2-3개씩 발달하는 마늘쪽 같은 덩이뿌리를 약재로 이용하기 때문이다. 백부자는 그 가격이 비싸 약초꾼들에 의해 거의 멸종되다시피 하였다. 지금은 멸종위기식물로 지정되어 자연에서 채취할 수 가 없으며 시중에 유통되는 백부자는 거의 위품이라고 생각하면 된다.

백부자를 노랑돌쩌귀라고도 하는데 돌쩌귀는 한옥의 여닫이문에 다는 경첩으로, 쇠붙이로 만들었으며 암수 2개로 짝을 이룬다. 문설주에는 암짝을 박아 문틀에 단단히 박혀서 움직이지 않도록 고정하고, 문짝에는 숫짝을 박아 뾰족하게 튀어나온 침을 암 돌쩌귀에 걸고 문을 여닫을 때 마다 빙그르 돌아가도록 서로 맞추거나 꼽는 것이다. 보통 문 하나에 2~3쌍의 돌쩌귀를 달았으며, 필요할 때마다 쉽게 문을 떼어 낼 수 있어 매년 창호지를 새로 바르거나, 또한 문을 받치는 힘이 견고하여 육중한 대문을 떠받치는 데에 알맞았다. 백부자를 돌쩌귀라고 하는 것도 5개의 꽃받침이 서로 끼워 맞춘 모양처럼 보이기 때문이다.

산속의 햇빛이 잘 비치는 곳에서 '아름답게 빛나는' 백부자를 만나는 것은 행운이다. 그래서 백부자를 보면 부자가 된다는 얘기도 떠도는지 모르겠다. 백부자와 유사한 식물로 투구꽃

Aconitum jaluense 이나 각시투구꽃과 같은 식물이 우리나라에 10여종 이상 분포한다.

각시투구꽃 하면 김석윤 감독의 "조선명탐정 : 각시투구꽃"이라는 영화가 생각난다. 실제로 각시투구꽃과는 큰 관계가 없는 내용이지만 각시처럼 아름다운 모습을 하고서도 그 속에 강한 독을 품고 있는 여인을 각시투구꽃에 비유한 듯 하다. 흔히들 아름다운 여인들을 가시를 가진 장미에 비유하거나, 강한 마약성 독을 품은 양귀비에 비유하는 이유는 무엇일까? 사실남녀는 돌쩌귀처럼 비록 아름답지 못하고 투박해 보이더라도 서로 함께하여야만 그 역할을 할 수 있고 거기에서 참다운 아름다움을 만들 수 있지 않을까? 돌쩌귀나 백부자처럼.

돌쩌귀

투구꽃 : *Aconitum jaluense*

백양더부살이

열당과
Orobanche filicicola Nakai ex J.O.Hyun, H.C.Shin & Y.S.Im

백양더부살이는 하천변에서 자라는 기생성 한해살이 풀이다. 생육 환경은 쑥이 있는 곳의 풀숲에서 자란다. 키는 10~20㎝이고 줄기는 갈색 빛이 돌며 잎은 비늘조각 같은 것이 길쭉한 삼각형으로 어긋나게 달리고 잔털이 빽빽이 나있다. 꽃은 5월경에 통꽃으로 피며 보라색 바탕에 흰 줄무늬가 있다. 멀리서 보면 보라색의 조개나물처럼 보이기도 한다. 줄기 밑에서 윗부분까지 꽃들이 모여 달리며 열매는 6월경에 갈색으로 달린다. 주로 관상용으로 쓰인다.

1928년 일본식물학자인 나까이 박사에 의해 발견되었으나 단한개의 표본이 동경대학 표본실에 보관되어 있을 뿐 70년 동안 발견되어지지 않다가 2000년 정읍의 하천 부근에서 발견되었다. 백양더부살이는 이곳 이외의 지역에서는 세계 어느 곳에서도 찾아볼 수 없는 우리나라 특산종이다. 최근에 몇 군데의 자생지가 밝혀지고 있는 듯하다. 자생지가 하천변 비탈진 곳에 사는 기생식물이다 보니 길을 확장하고 거기에다 꽃길을 조성한다고 하여 많이 파괴되고, 여름철의 집중호우로 비탈면이 쉽게 유실되어 급격하게 개체수가 감소하고 있다. 백양더부살이는 바닷가 모래밭에서 사는 초종용 *Orobanche coerulescens* 과 비슷하다. 초종용은 꽃에 흰 줄무늬가 없고 해안가 사철쑥에 기생하며, 백양더부살이는 냇가 모래땅에 사는 쑥뿌리에서 자란다.

더부살이라는 뜻은 국어사전에 의하면 남의 집에서 먹고 자면서 일을 해 주고 삯을 받는 일, 또는

그런 사람을 뜻한다. 따라서 국어사전적 의미로는 자신의 일을 하고 그에 맞는 삯을 받는 것이기 때문에 반드시 나쁜 의미를 갖는 단어는 아니다. 그러나 실생활에 있어서는 자신 스스로 살아갈 능력이 없어 다른 사람에게 기대어 살며 폐를 끼치는 사람이라는 유쾌하지 않은 어감이 들어있는 것 같다. 식물에서는 다른 식물에 붙어 그 식물이 생산한 영양물을 얻어 살아가는 기생식물을 뜻한다. 그러나 기생 식물들은 혼자서는 살아갈 구조와 기능이 부족하여 어쩔 수 없이 더부살이를 한다. 식물의 특성인 엽록체가 없거나 부족하여 스스로 무기물로부터 유기물을 합성하지 못하거나, 토양에 뿌리를 뻗지 못하여 물이

나 무기양분을 스스로 얻지 못해 숙주식물로 부터 얻어서 살아간다. 그런데 요즈음 젊은이들 중엔 더부살이를 하는 사람들이 많아 보인다. 스스로 생활할 능력이 없어 부모에게 더부살이를 하는 경우야 어쩔 수 없겠지만, 배울 공부 다하고 건강한 몸을 가지고 있으면서도 더부살이를 하며 빈둥빈둥 노는 젊은이들을 보면 참으로 안타까운 마음이 든다. 물론 나름대로 이유가 있겠지만. 결혼을 하고서도 독립하지 못하고 여전히 부모에게 더부살이를 하는 가정도 있다. 성경에는 "이러므로 사람이 부모를 떠나 그 아내와 합하여 그 둘이 한 육체가 될지니 이 비밀이 크도다"라고 하였다. 결혼은 부부가 한 몸이 되는 것과 아울러 부모를 떠나는 일이다. 부모를 떠난다는 것은 이제 더부살이를 그만두고 독립생활을 하라는 의미이다. 부모를 떠나 아내와 한 몸이 되는 일은 큰 비밀이 있다는 것은 그렇게 살지 않으면 아무리 설명을 해줘도 그 비밀을 알 수 없다는 의미이기도 하다. 더 나아가 부부간의 삶도 서로가 더부살이가 되면 안 된다. 한 몸이 되어야 하는 것이다. 어떻게 보면 백양더부살이는 숙주인 쑥과 더부살이가 아니라 한 몸을 이루고 있다. 쑥과 더부살이가 한 몸이라는 말은, 우리가 볼 때에 백양더부살이가 쑥에 더부살이를 하는 것처럼 보이지만 실제로는 쑥도 백양더부살이로부터 어떠한 도움을 받고 있는 것이 확실하다. 다만 아직 그 것이 무엇인지 모를 뿐인 것이다. 그 것이 비밀이 크다는 의미일지도 모른다.

초종용 : *Orobanche coerulescens*

백운란

난초과

Vexillabium yakushimensis (Yamam.) F.Maek. var. *nakaianum* (F.Maek) T.B.Lee

백운란은 산지의 그늘지고 습기가 많은 낙엽수림 속에서 자란다. 키는 5~10cm정도로 자라는 난초과의 여러해살이 풀이다. 땅속줄기가 옆으로 길게 뻗으면서 마디에서 뿌리가 내린다. 잎은 2~4개이고 달걀 모양으로 가장자리가 밋밋하고 잎자루가 원줄기를 감싼다. 꽃은 7월에 흰색으로 피는데, 줄기 끝에 1~4송이씩 달린다. 순판脣瓣은 끝이 깊게 파이며 양쪽에 좁은 날개가 있고 아래쪽에 꿀주머니가 있다.

백운란은 박만규 선생님에 의해 전남 광양의 백운산에서 발견되었고, 마에카와에 의해 1935년에 *Vexillabium nakaianum* 로 신종 기재된 다음, 오랫동안 재발견이 되지 않아 멸종된 것으로 여겨졌던 희귀난이다. 1974년 내장산에서 재발견 되었고 이어서 제주도를 비롯하여 울릉도에서도 발견되었으나 현재 백운산, 내장산, 백양산 등지에서는 보여지지 않고 있다. 속명 Vexillibium은 라틴어의 vexillum(깃발)과 labium(입술)의 합성어로, 깃발과 같은 입술을 가지고 있다고 하여 붙여진 이름이다. 일본에 자생하는 *Vexillabium yakushimesis*와 비슷하다. 백운란은 생활사가 밝혀지지 않고 있다. 같은 서식지임에도 어느 해에는 대량으로 보였다가도 어느

해에는 한 포기도 보이지 않는 신비한 식물이다.

우리나라의 식물명에 nakai나 maekawa라는 종소명이 많이 붙어있는 것을 볼 수 있다. 일제 강점기 시대에 나카이 다케노신中井猛之進은 1개 중대에 해당하는 무리를 거느리고 한국과 중국 그리고 동남아시아의 식물을 조사한 식물학자이며, 마에카와 후미오前川文夫는 그의 사위이다. 이들에 의해 우리나라의 식물에 대한 연구가 많은 발전을 이룬 것은 사실이나, 일본의 침략 야욕을 이용하여 그들의 학문적 욕구를 이룬 대표적인 인물의 한 사람이다. 한국의 자생식물 4,000여 종 가운데 16%의 학명에 올라간 그의 이름 나카이 다케노신, 그는 일본의 패전 당시 말레이시아에 있다가 미군에게 체포되었을 때 육군의 별 하나인 장군 계급장을 달고 있었다고 한다. 일본인들은 한국과 중국 그리고 동남아시아를 지배하기 위하여 많은 학자들에게 장군이라는 계급장을 달아주고 그 나라의 모든 자원과 문화를 송두리째 조사하여 자신의 것들로 만들기 위해 안달하였음을 볼 수 있다. 나까이는 1909년 처음으로 한국식물 조사를 시작하여, 총 17회에 걸쳐 한국의 여러 지역을 직접 답사하여 채집하였다. 그러면서 그가 얼마나 일본 군부에 충실한 자였는지 한국의 자생식물에 붙여진 학명을 통해서도 알 수 있다. 조선총독부 초대 공사였던 하나부사 요시타다花房義質에게 바친 '금강초롱'의 학명 *Hanabusaya asiatica* Nakai, 지모에 붙인 *Terauchia asphodeloides* Nakai, Terauchia는 초대조선총독이었으며 1차 세계대전 당시 일본총리를 지낸 테라우찌마사타케寺内正毅이다. 지금은 *Anemarrhena asphodeloides*로 바뀌었지만. 또한 울릉

금강초롱꽃 : *Hanabusaya asiatica*

섬초롱꽃 : *Campanula takesimana*

도에 자생하는 초롱꽃에 다케시마 *Campanula takesimana* Nakai 란 종명을 붙였다. 그의 사위인 마에카와는 공교롭게도 내가 박사과정과 박사후 과정 연구원으로 근무한 동경농업대학 육종학연구실과 진화생물학연구소의 연구원으로 근무한 분이다. 좋든 싫든 이들은 한국의 식물학 특히 분류학 분야에 지대한 영향을 미친 분들이다. 요즈음 한일 간에는 독도의 영유권 문제, 정신대 할머니들의 문제, 초 중고등학교 교과서의 역사 왜곡 문제 등등 해결해야 할 사항들이 산처럼 쌓여있다. 감정적으로도 깊은 골이 패여 있는 것은 사실이다. 그러나 언제까지나 감정적인 마음만으로는 문제의 해결은 보이지 않는 것 같다. 일본의 초등학교(소학교) 아이들에게 일본에서 가장 가까이 있는 나라가 어느 나라냐고 물어 본 적이 있다. 대부분이 미국이나 중국이라고 답하고, 한국이라고 답한 학생이 극히 소수였던 기억이 아직도 머리에 남아 있다. 한국에서 볼 때 가장 가까이 있는 나라 중국과 일본, 이들과 더욱 가슴으로 만나야 하고 알려야 하고 그들을 알아야 하고 그래서 상호 소통이 이루어지고 이해될 때 비로소 진정으로 가까운 나라가 될 수 있을 것이다. 그러기 위해서 절대적으로 필요한 것이 우리 자신이 그들을 앞 설수 있는 힘과 포용 그리고 사랑의 힘을 키우는 일일 것이다.

복주머니란

난초과
Cypripedium macranthos Sw.

복주머니란은 산기슭의 풀밭에서 자라는 여러해살이풀이다. 높이 30~50cm이다. 짧은 뿌리줄기를 옆으로 뻗고, 마디에서 뿌리를 내린다. 줄기는 곧게 선다. 잎은 3~5개가 어긋나고 타원형이며 털이 드문드문 난다. 5~7월 길이 4~6cm의 붉은 자줏빛 꽃이 줄기 끝에 1개씩 핀다. 꽃잎 가운데 2개는 달걀 모양 바소꼴(대의 잎처럼 가늘고 길며 끝이 뾰족한 모양)이고 끝이 뾰족하며 밑쪽에 약간의 털이 난다. 입술꽃잎은 큰 주머니 모양이다. 열매는 삭과이며 7~8월에 익는다.

복주머니우표(왼쪽에서 두 번째)

복주머니(국립중앙박물관)

속명인 Cypripedium 은 그리스어인 Cypris(여신의 비너스) 와 pedilon(슬리퍼)의 합성어이며 종명인 macranthum은 큰 꽃이라는 뜻이다. 개불알꽃은 꽃 모양이 개의 불알처럼 생겼다 해서 붙여진 이름이다. 개불알꽃의 다른 이름에는 요강꽃, 까마귀오줌통, 작란화雀卵花, 복주머니란이 있다. 까마귀오줌통은 이 꽃에서 나는 지린내 때문인 것으로 생각되며, 요강꽃은 꽃의 모양을 요강에 비유한 것으로도 생각되지만 이 역시 냄새와 관련이 있을 것이다. 작란화는 참새의 알처럼 생겼다는데서 붙여진 이름이라 생각되며, 복주머니란은 개불알꽃이라는 이름이 천박하다는 이유로 개명한 데서 연유한다.

영어로는 Lady's slipper 즉 꽃모양을 여자의 슬리퍼에 비교하여 붙인 이름이다.

한국(제주도 제외), 일본, 중국, 헤이룽강, 사할린, 시베리아 등지에 분포한다.

우리나라 야생화들은 민망스러우면서도 정감 넘치며 해학이 배어 있는 식물명이 많다. 예를 들면 며느리밑씨게, 개불알풀, 쥐오줌풀, 도둑놈의갈고리, 거지덩굴, 소경불알, 벼룩나물... 등등. 복주머니는 정초에 어린 아이의 옷고름에 매어 주는 주머니로 전통 한복에는 옷 자체에 물건을 넣을 수 있는 호주머니가 없기 때문에 따로 주머니를 만들어 허리에 차거나 손에 들고 다녔다. 수(壽) · 복(福) · 부(富) · 귀(貴) · 희(囍) 등의 글자나 그림을 넣어 남녀가 모두 사용하였다고 한다. 복주머니는 물건을 넣기 위한 실용적인 목적보다는 주로 정초나 특별한 날에 선물하여 복을 기원하는 의미를 담았다. 이러한 민간 풍습은 정월의 첫 해일(돼지날)이나 첫 자일(쥐날)에 궁중에서 종친(宗親)과 신하들에게 복주머니를 나누어 준 데서 유래한 것이다.

흰복주머니란 : *Cypripedium macranthum*

정월의 돼지날과 쥐날에 복주머니를 주고 받는 것은 돼지와 쥐가 십이지(十二支)의 끝과 처음에 해당하므로, 이날 주머니를 만들거나 차면 한 해 동안 복을 받고 록을 누릴 수 있다는 생각에서 비롯된 것일 것이다. 개불알꽃이라는 이름이 부르거나 듣기가 민망하다고 하여 복주머니란이라는 이름으로 바꾸었다고는 하나, 개불알꽃의 꽃에서는 별 향기가 나지 않으며 뿌리에서는 심한 지린내가 나므로 단순히 꽃모양이 주머니처럼 생겼다고 하여 복주머니라고 부르기에는 의미나 뜻에 있어서 어딘가 석연치 않아 보인다.

복주머니란은 풀숲에서도 '튀는 아름다움' 때문에 쉽게 알아볼 수 있다. 그 때문에 재배를 목적으로 남획되어지는 많은 난중에서도 가장 심하게 도굴되어지는 종류이다. 멸종위기식물 보호종임에도 불구하고 여전히 남획의 대상이 되고 있다. 사람에 의한 도굴뿐 아니라 초원의 관리 방치에 의한 식생천이에 의해 자연상태에서 그 존속이 어려울 정도로 자생지의 개체수는 감소하고 있다. 최근에는 무균파종에 의한 대량묘 생산이 일본에서는 성공하였으며 교배육종도 진전되어 원예식물로써 기대가 큰 식물이다. 국내에서는 아직 무균파종에 의한 대량묘 생산이 쉽지 않은 실정이다. 근연종인 일본의 敦盛草 *Cypripedium macranthos* var. *speciosum*, 대만산의 *Cypripedium segawai*, 北米産 *C. pubescens*, *C. regina* 등은 비교적 재배가 쉬운 종이라고 한다. 백두산 주변에는 색과 모양이 다른 많은 종류의 복주머니란이 자생하고 있다. 사진에서 보는 양머리주머니란, 노랑개불알란, 왕개불알란, 등등..., 일본에서 이 꽃에 욕심을 내어 많은 종류의 복주머니란이 일본으로 넘어가고 있다고 한다. 원예종으로의 육성에 의한 그 부가가치가 매우 높은 복주머니란의 육종을 일본인들에게 맡겨놓을 수는 없어 보인다. 우리도 빠른 시간 안에 무균증식과 대량묘생산기술을 확립하였다는 '기쁜소식' 이 들려오길 '희망' 하며 빠른 시간 안에 증식및 교배에 의한 신품종을 육성하여 그들의 공세에 대비하고 오히려 세계 시장을 선점하기를 기대한다.

분홍장구채

석죽과
Silene capitata Kom.

장구채 : *Silene firma*

분홍장구채는 중부 이북의 양지쪽 바위틈에서 자라는 여러해살이풀이다. 높이 30cm 정도이다. 밑에서 굵은 가지가 갈라져서 옆으로 자라기 때문에 원줄기가 비스듬히 누워서 자란다. 마디가 굵고 전체에 털이 많이 난다. 잎은 마주나고 긴 달걀 모양 으로 가장자리가 밋밋하고 끝이 뾰족하다. 꽃은 8~9월에 가지 끝에 분홍색으로 모여 핀다. 꽃받침은 통처럼 생기고 겉에 10개의 맥이 있으며 끝이 5개로 갈라진다. 꽃잎은 5개이고 끝이 얇게 갈라진다.

한탄강 일대에 일부 자생하고 있으나 최근 충청도에서도 발견되었다. 그러나 사람의 손이 닿기에 너무 가까운 곳이어서 자생지가 잘 보전 되어질지 염려가 된다.

유사식물인 장구채는 동자의 웃음이라는 뜻을 갖는다. 키는 80cm정도로 녹색으로 털이 없으나, 마디 부분은 검은 자줏빛을 띠우며, 잎은 긴 타원형으로 백색의 꽃을 피우지만 꽃의 색에 약간의 변이를 가진 것들이 많다.

해마다 봄이 되면 시골마을들은 꽹가리 소리와 장구소리로 떠들썩해진다. 떠들썩한 소리가 들리면 동네의 어린 아이들은 그 뒤를 졸졸 따라 다니며 온 얼굴에 티 없는 '동안의 웃음' 꽃을 가득 피운다. 그 동안의 근심을 모두 떨쳐버리고 덩실 덩실 춤을 추면서 긴 겨울의 잠에서 빨리 깨어나 농사일을 시작하자는 신호탄일 것이다. 긴 겨울을 지내는 동안 배고파 허기진 배를 움켜 쥐고 어린 아이들의 칭얼거리는 소리를 물과 죽으로 달래다가, 만물이 눈을 뜨기 시작하고 들판에는 온갖 풀들이 자라나 허기진 배를 채울 수 있게 되니 어찌 흥겨운 가락이 절로 나오지 않을 수 있겠는가? 그런가 하면, 선비들은 음주가무의 제철을 만났으니 흥을 돋우기에는 장구보다 더 좋은 것도 별로 없었을 것이다. 지금도 장구소리가 어디선가 울려나오면 절로 흥이 나고 어깨가 들썩거리는 것은 비단 나뿐만은 아니리라. 장구채에는 궁채와 열채가 있는데 긴 자루에 끝이 몽통한 궁채가 꽃봉오리와 줄기의 모습과 비슷하다하여 장구채라는 이름이 붙여졌다고 한다.

올해는 6.4 지방선거의 해로 온통 선거에만 관심이 많은 것 같다. 덩달아 무당들의 문턱이 닳을 정도로 문전성시라고 한다. 허나 무당들의 굿판에도 시끄러운 꽹가리 소리뿐이다. 모두가 국민을 위한다고 큰소리들을 치지만 그 속에는 "내가 사람의 방언과 천사의 말을 할지라도 사랑이 없으면 소리 나는 구리와 울리는 꽹가리가 된다"는 말씀처럼 허탄하고 시끄러운 꽹가리 소리만이 들릴 뿐 어깨춤을 절로 나오게 하는 흥겨운 장구소리는 들리지 않는다. 요즈음 참으로 먹는 것이 차고 넘쳐 온 국민이 비만을 걱정할 정도로 차고 넘치는 데도 너도나도 없다고 아우성이고 그로 인한 스트레스로 인해 웃음과 흥겨움을 잃어버렸다. 모두가 우울증과 인격장애와 같은 정신적 질병에 걸린 듯하다. 우리 국민의 정서 속에 흐르는 따뜻함과 정겨움과 흥겨움을 불러 일으킬 묘안은 없는 걸까? 우리 모두가 하던 일 멈추고 자신들이 가지고 있는 온갖 종류의 장구와 장구채를 휘두르며 가락에 맞춰 덩실덩실 한판 춤을 추었으면 좋겠다. 그러면 우울과 근심과 걱정과 미움과 욕심들이 시원하게 날아가 버릴 것 같다.

장구채(위:궁글채, 아래:열채)

비자란

난초과
Thrixspermum japonicus (Miq.) Rchb.f.

비자란은 제주도의 상록수에 붙어 사는 착생난으로 여러해살이풀이다. 공기 중에 노출되어 있는 뿌리는 줄기 중간에서 길게 나온다. 줄기는 가늘고 3~7cm 이며, 잎은 길이 2~4cm, 폭 4~5cm이다. 꽃은 5월에 잎겨드랑이에서 2~3개가 연노랑색으로 핀다. 꽃잎의 윗 부분은 안쪽으로 굽는다.

제주도의 한지역의 소나무숲에 자생하고 있으나 수련원 지역인데다 사람이 접근하기 쉬워 그 개체수가 급감하고 있다.

비자나무 *Torreya nucifera* 하면 어릴 때 회충 촌충같은 기생충의 구충약으로 먹었던 기억이 있다. 또한 치질이나 변비 등에도 효능이 있다고 한다. 인간의 기생충을 제거하는 효능을 가지고 있으면서도 자신의 몸은 다른 식물이나 새들의 보금자리로 내어주고 있는 소중한 자원이다. 또한 비자 visa는 외국인에 대한 출입국 허가를 증명하는 여권의 배서를 말한다. 비자가 없으면 우리나라의 국경을 넘어 다른 나라로 들어갈 수가 없다. 물론 나라간의 협정에 의해 짧은 기간의 관광을 목적으로 하는 경우 비자 없이 갈 수 있는 경우도 있다. 한 때는 미국 비자를 얻기가 하늘의 별 따기처럼 어려워 미국 대사관 앞에 긴 줄을 만들었던 모습들도 있었다. 요즈음 몇 가지 식물들에 철조망을 치고 방범용 카메라를 설치하고 비자와 같은 허가증이 없이는 접근 할 수 없도록 보호하고 있다. 어쩔 수 없어 실시하고 있는 방법이기는 하지만 나라 간에 국경을 만들고 출입을 통제하듯 얼마가지 않아 모든 식물들에도 철조망을 치고 허가를 받아야만 자연에서 식물을 볼 수 있는 시대도 올 것만 같아 쓴 웃음이 난다.

비자란은 티 없이 맑은 노란색이 사람의 눈길뿐만 아니라 마음을 끌어당기는 탓에, 난을 키우기 좋아하는 사람들의 손길을 피하지 못하여 자생지에서 점점 사라져가는 종류 중 하나이다. 화원에 가면 가끔 이런 난들을 볼 수 있으나 아무리 많고 잘 기르더라도 그 꽃을 자생지에서 볼 수 없게 되면 멸종된 것으로 본다. 동물원에는 볼 수 있지만 자연에서는 볼 수 없는 야생동물들도 마찬가지이다. 야생의 동식물들은 야생에서 살아가도록 보살피고, 함께 공존하는 방법들을 모색해야할 몫이 사람들에게 있다. 비자란은 물론 금자란이나 차걸이난 등 많은 착생식물들이 자연에서 사라지고 있다. 매우 '소중' 하고 '사랑스러운' 식물들이 하나둘 자연에서 볼 수 없게 된다는 안타까움에 인위적으로 증식하여 자연에 돌려놓아도 몇 년 가지 못해 남벌꾼들에 의해 다시 사라져 버리는 일들이 반복되고 있는 현실이 안타깝기만 하다.

비자나무 : *Torreya nucifera*

산작약

작약과
Paeonia obovata Maxim.

산작약은 모란과의 다년초식물로 숲속 그늘진 곳에 자라나는 여러해살이 풀이다. 줄기는 곧게 서며, 아랫 부분이 비늘잎으로 싸인다. 높이는 50~75cm이다. 뿌리는 육질(肉質)이고 매우 굵으며, 여러 개로 갈라진다. 잎은 3~4개가 어긋나U자 형이며 3개씩 2번 갈라진다. 가장자리는 톱니가 없고, 뒷면에 털이 성글게 나며 잎자루가 길다. 꽃은 5~6월에 원줄기 끝에 한 송이씩 붉게 핀다. 꽃잎은 3~4개로 암술대가 길게 자라서 뒤로 젖혀진다. 꽃 모양이 크고 풍부함이 함지박처럼 넉넉하다고 하여 함박꽃이라고도 한다. 작약은 호작약, 참작약, 백작약(Paeonia japonica) 그리고 산작약으로 구분한다.

또 산작약은 유독식물로 관상용으로 심거나 뿌리를 한약재로 사용한다. 작약은 중국이름 작약芍藥에서 유래된 이름으로 특히 높은 산에서 자라는 작약을 산작약이라고 한다. 한방에서는 작약의 뿌리를 건조한 것을 달여 복용하면 복통, 신경통 등의 진통제에 효과가 있다고 알려져 있고, 통풍이나 부인병에도 이용된다. 고대 그리스에서 중세에 걸쳐서 작약은 최대의 효능을 가진 약초로서 귀중히 여겼다. 영어명 peony는 그리스 신화의 의신醫神 파이온(Paion)에서 유래한다. 의신인 파이온은 하데스 등 많은 신들의 상처를 낫게 했다는 전설을 가지고 있다. 플루톤은 그리스 신화에 나오는 저승세계의 신으로 죽은 자들의 나라를 지배하며 동시에 부富를 인간에게 가져다주는 신이다. 평소에 플루톤왕은 힘이 세어 불사신인 헤라클레스를 못마땅하게 생각했는데 어느 날인가 헤라클레스가 저승에 들어오려고 하자, 플루톤은 불사신이 저승세계에 들어오면 저승세계의 질서가 혼란스러워진다며 거부하였다. 이에 화가 난 헤라클레스는 활로 플루톤을 쏘았고, 활을 맞은 플루톤은 신들의 의사인 파이온을 찾아가자 파이온은 올림푸스 산에서 작약을 캐어 상처에 발라 낫게 해 주어, 작약을 영어로 피오니라고 한다.

작약을 채취할 때에는 개의 목에 밧줄을 묶어서 끌어당기게 하여 땅에서는 뽑는다고 한다. 우

리나라의 인삼과 비슷한 '합환채合歡菜' 라고 하는 '만드라고라' (mandragora)가 성경속에 등장하는데, 이것을 채취할 때에도 같은 방법을 사용하였다고 한다. 고대 로마시대의 약학자 디오스코리데스(Pedanius Dioskorides)는 그의 저서 <약물지(De Materia Medica)>에서 "한 여름 새벽에 채취한 작약을 몸 주위에 매달면 독물이나 공포, 그리고 악마의 저주를 막을 수 있으며, 밤이나 낮에 일어나는 열을 막는다"고 기록하였으며, 영국의 전설에서는 과오를 범한 요정이 면목이 없어서 작약 그늘에 숨었기 때문에 꽃이 빨갛게 물들었다고 하며, 꽃말인 '부끄러움' 도 거기에서 유래되었다고 한다.

화려하면서도 소박하고, '교태' 를 부리는 성숙한 여인 같으면서도 '수줍음' 많은 어린아이 같은 아름다움을 지닌 꽃이다. 새벽에 온갖 교태를 부리며 함박웃음을 지으며 뭇 남성을 유혹하듯 피었다가 낮이 되면 부끄러운 듯, 수줍은 듯 꽃잎을 오무린다.

호작약 : *Paeonia lactiflora* f. *pilosella*

백작약 : *Paeonia japonica*

삼백초

삼백초과
Saururus chinensis (Lour.) Baill.

삼백초는 제주도와 남부지방에서 습기가 많고 깨끗한 환경에서 아주 드물게 자라는 여러해살이풀이다. 땅속줄기는 흰색이고, 진흙 속에서 옆으로 뻗는다. 줄기 높이는 50~100cm이다. 잎은 어긋나고 끝이 뾰족하며, 밑 부분이 심장 모양이고 5~7개의 맥이 있으며, 가장자리가 밋밋하다. 잎 표면은 녹색이고 뒷면은 연한 흰색이지만, 줄기 윗부분에 있는 2~3개의 잎은 표면이 흰색이다. 꽃은 양성화이고 6~8월에 이삭 모양의 흰 꽃이 달린다. 꽃대는 털이 있으며 처음엔 밑으로 처지다가 꽃이 피면서 차츰 바로 선다.

삼백초의 꽃이 도마뱀꼬리와 비슷하다고 하여 도마뱀꼬리(Lizard's tail)라고도 부른다. 꽃잎은 없으며, 뿌리, 잎, 꽃이 흰색이기 때문에 삼백초三白草라고 한다.

삼백초는 진시황이 찾던 불로초라는 설이 있으며, 다음과 같은 전설도 전해 내려온다.
옛날 어느 신선이 산에 오르다가 힘이 들어 잠시 쉬고 있는데, 어디선가 바람결에 향긋한 냄새가 불어옴을 느꼈다. 그 향을 맡자 피곤하였던 온몸이 가뿐해지고 상쾌한 기분이 느껴져 주

위를 살펴보자 밝은 빛이 한 줄기 비추는 것이 보였고, 그 빛을 따라가 보니 잎의 일부가 하얀 풀을 발견하게 되었다. 신선은 이 약초에서 향긋한 냄새가 품어 나오는 것을 보고 잎이 하얗다하여 삼백초라 이름 지었다고 한다. 한방에서는 변비나 소변이 잘 안 나올 때 사용하며, 암에도 효과가 있다고 한다.

약모밀과 비슷하지만 약모밀의 잎에서는 생선비린내가 나 어성초라고도 한다. 약모밀은 고구마 잎과 비슷하며, 삼백초보다 키가 작고 꽃차례를 싸고 있는 포가 꽃잎처럼 보인다. 또한 피부미용에 효과적이어서 삼백초가루를 이용하여 만든 비누는 여드름에 효과가 있다고 한다. 그래서 요즈음 여성들에게 인기가 있는 것이 삼백초와 약모밀이다. 여성들은 젊든 나이가 많든 적든 조금이라도 더 예뻐 보이기 위하여 그리고 더 희고 주름을 보이지 않기 위하여 피부미용에 목숨을 걸 정도이다. 예쁘게 보이기 위하여 성형은 말할 것도 없고 주름을 없애고 피부를 조금이라도 더 희게 하기 위하여 온갖 좋다는 것들은 모두 바른다. '행복의 열쇠' 가 오직 얼굴에 있는 듯하다. 어찌 보면 참 가련한 모습이다.

약모밀 : *Houttuynia cordata*

서울개발나물

미나리과
Pterygopleurum neurophyllum (Maxim.) Kitag.

서울개발나물는 햇빛이 잘 드는 하천가 습지에 자라는 여러해살이 풀이다. 70~100cm 까지 자라며 줄기는 속이 비어 있으며 능각이 있고 위에서 갈라진다. 뿌리에서 나온 잎(근생엽)은 엽병이 길고 많이 갈라지며 줄기에서 나온 잎(경생엽)은 어긋나며 2~3회 3출 날개모양이다. 꽃은 7-8월에 흰색으로 피며 날개같은 능선이 있다. 꽃잎은 5개이며, 열매는 길이 3~4mm의 타원형으로 9~10월에 익는다. 뿌리는 감자개발나물처럼 굵어진다.

1902년 서울에서 처음 발견되어 서울개발나물이라는 이름을 얻었다. 세계적으로 중국과 일본 한국의 극히 일부지역에만 분포하는 세계적인 희귀식물이다. 1967년 서울 구로의 습지에서 채집된 후 그 동안 발견되지 않아 멸종한 것으로 추정되었으나, 최근 경남 양산의 낙동강 배후습지에서 40여 개체가 발견되었다. 자생지의 환경은 매우 열악하여 버드나무나 줄, 갈풀, 갈대와 같은 벼과 식물과의 경쟁에서 밀리고 있을 뿐만 아니라, 인위적인 개간이나 풀베기 등으로 훼손이 심각하게 진행되고 있어 이마저도 곧 사라질 위험에 처해 있다. 빠른 시일 안에 식생 환경과 생리적 습성 그리고 유전의 양상 등에 대한 연구를 통하여 양산의 낙동강 주변과 옛 자생습지로의 복원이 이루어지길 기대한다.

유사종인 개발나물은 소엽이 7~17개로 가장자리에 예리한 톱니가 있고, 뿌리는 희며 굵은 수염뿌리이다.

서울개발나물도 마찬가지이지만 많은 종류의 멸종위기 식물들은 자연에 방치하고 환경만 맞추어 주면 스스로 잘 증식한다. 문제는 그들이 살아가는 장소와 환경이 사람들의 논 밭과 겹치거나 개인의 재산권, 그리고 개발 이익에 맞물려 서로 충돌이 일어나기 때문에 문제가 되어진다. 선제비꽃이나 독미나리, 매화마름, 서울개발나물 모두 사람의 농지와 가까운 곳에 사는 식물들이다. 농사일을 멈추고 생육환경을 맞추어 주면 잡초로 여길 정도로 무성하게 번식한다.

문제는 그곳에 농사를 지어야 하는 농부와 환경론자와 정부 부처사이의 갈등이다. 농민입장에서는 그 땅을 팔거나, 농사의 수입에 해당하는 보상을 받아야 하고, 환경론자들은 농지를 매입할 능력은 못되면서도 보전은 해야 한다고 주장한다. 정부의 입장은 농민의 상황도 고려하고, 그러면서도 자연을 보전을 해야 하는 책임을 가지고 있다. 참으로 안타까운 일이 아닐 수

없다. 모두가 서로 윈윈 할 수 있는 방법을 모색해야 하지만 서로 자기의 주장들만 되풀이 할 뿐 머리를 맞대고 고민하는 모습은 어디에서도 찾아 보기 어렵다. 환경론자들의 목숨을 걸고 지키겠다는 주장이나, 농부들은 농사를 지어야 먹고 살아야 할 것 아니냐는 주장이나 , 정부의 입장은 이러지도 저러지도 못하는 어정쩡한 모습이나, 딱하기는 양쪽 마찬가지이다. 옳고 그름은 시간의 흐름과 더불어 변한다. 또한 자연도 인간의 판단과 관계없이 변하여 간다. 따라서 어느 것이 더 옳고 그르다고 쉽게 판단하기 어렵다. 그러나, 최소한 후손들에게 어떠한 모습으로 자연을 물려줘야 하는 지에 대해서는 모두가 공감한다. 그렇다면 그 공감대를 중심으로 답을 찾아내는 것이 어떨까?

개발나물 : *Sium suave*

석곡

난초과
Dendrobium moniliforme (L.) Sw.

석곡은 남부지방의 바위나 고목에 착생하는 여러해살이 늘푸른 풀이다. 땅속줄기에서 여러 개의 굵은 뿌리를 내리고, 여러 개의 줄기가 높이 20cm 정도로 뭉쳐난다. 줄기는 통통한 다육질로 마디가 있다. 종명 moniliforme 라틴어 monil에서 온 말로 목걸이와 닮았다는 뜻이다. 마디마디가 연결되어 목걸이 모양은 같다는데서 유래되었다. 잎은 어긋나고 광택이 있으며, 밑부분이 엽초와 연결된다. 오래된 줄기에는 잎이 달리지 않는다. 5~6월에 흰색 또는 연분홍색

꽃이 2년 묶은 줄기의 위쪽 마디에서 1~2개씩 달리며, 향기가 있다. 가운데 꽃받침은 바소꼴이고 옆의 꽃받침은 밑부분이 넓어져 꽃주머니(거)로 된다.

남쪽섬과 해안지역에 자생하며 전북의 한 절의 절벽에도 대량 자생하고 있으나 자생란을 좋아하는 사람들로 인해 절벽의 석곡도 안심할 수 없는 상태이다.

본초강목습유本草綱目拾遺에 "이석곡대차以石斛代茶, 능청위화能淸胃火, 제허열除虛熱, 생진액生津液, 이인후利咽喉" 라는 기록이 있다. "석곡을 차대신 마시면, 위의 화를 깨긋하게 해주고 허열을 제거하며 진액을 생기게하여 인후에 이롭다." 는 기록이 있다. 본초통현本草通玄에는 "석곡의 단맛이 아름다운 목소리를 나오게 하며, 짠맛은 목을 매끄럽게 하여 소리를 부드럽게 해준다. 그래서 옛사람들은 석곡을 차대신 마심으로써 맑은 목소리를 내기 위하여 성대를 보호하였다." 는 기록이 있다. 따라서 많은 아나운서들이나 성악가들이 성대를 지키기 위하여 석곡차를 즐겨 마신다. 뿐만 아니라 석곡은 불로초에 버금가는 양약으로 취급하였다. 따라서 많은 수요가 있었다. 자연에서 나는 석곡은 대부분 위험한 절벽의 바위틈에서 자라기 때문에 채취가 힘들었다.

전설에 의하면 석곡을 채취하기 위하여 절벽 위로 올라가 거기서 자라는 소나무와 같은 큰 나무에 새끼줄을 묶고 목숨을 걸고 절벽 아래로 새끼줄을 타고 내려가 한손으로는 새끼줄을 잡고, 다른 한 손으로는 바위틈에 자라는 금차석곡金釵石斛을 채취하였다고 한다. 그런데 절벽에 매달려 석곡을 채취하고 있을 때 느닷없이 날다람쥐飛鼠(Flying Squirrel)들이 절벽의 구멍 속에서 나와서 새끼줄의 윗부분을 순식간에 갉아 먹어 새끼줄이 끊어져 절벽 아래로 떨어

져 죽거나 큰 부상을 입어 일생을 어렵게 보내게 되는 일도 있다고 한다. 금차석곡이라는 석곡은 금비녀처럼 생긴 석곡으로 선인들만 먹는 구대선초九大仙草중 하나이다. 서왕모西王母가 장생불로선초長生不老仙草로써 심심산골에 있는 바위 절벽 틈속에 재배하고 있었다고 한다. 금차(비녀)석곡은 선인들만 먹는 장생불로초이기 때문에 도둑들이 훔쳐가는 것을 막기 위해 서왕모가 날다람쥐를 석곡이 자라고 있는 절벽의 바위틈 속에 길렀다는 것이다. 석곡을 채취하는 사람들이 목숨을 잃게 되자, 한 소년이 꾀를 내어 길이가 5m ~ 10m 쯤 되는 대나무 속에 구멍을 뚫어 그 속으로 새기줄을 꿰어 사용함으로써 석곡 채취자들의 생명을 지키게 되었다고 한다. 그 후로 사람들은 이 소년을 수성공壽星公이라고 부른다고 한다.

긴기아난 : *Dendrobium kingianum*

지금은 조직배양에 의한 증식으로 쉽게 꽃을 즐길 수 있으며 육종에 의해 다양한 꽃과 모양을 가진 석곡을 볼 수 있게 되었으므로 이제는 더 이상 자생지의 석곡들이 사람의 손을 타지 않았으면 하는 바램이다. 꽃말은 꽃모습 '고결함', '겸양', '성실' 이다.

유사식물로 석곡과 꼭 닮은 서양란인 긴기아난 *Dendrobium kingianum* 이 있다. 석곡은 잎이 아래부터 마디를 형성하며 붙어 있고, 긴기아난은 가장 위쪽에만 잎이 3~4장 있다. 석곡은 굵은 줄기에 꽃을 피우나, 긴기아난은 잎 안쪽에 꽃줄기가 나와 꽃을 피운다.

선제비꽃 | *Viola raddeana* Regel

선제비꽃은 가늘고 곧게 서며 줄기는 밀생한다. 길이는 4~10cm 로 길게는 30cm 이상 자란다. 잎은 어긋나며 3~6cm로 삼각상 피침형으로 밑부분은 다소 심장저이며, 가장자리에 희미하고 둔한 톱니가 있다. 잎자루는 길이 2-5cm이며, 탁엽은 녹색이고, 길이 3-6cm로서 큰 톱니가 있다. 꽃은 5~7월에 잎겨드랑이에 1송이씩 피며 연한 자주색이다. 꽃받침 조각이 길며 거(꿀주머니)는 짧다. 가끔 늦가을까지 계속해서 폐쇄화를 피워 종자를 퍼뜨린다. 환경만 맞는다면 비교적 잘 번식한다. 그럼에도 불구하고, 주로 하천의 축축하고 배수가 잘되며 빛이 좋은 곳에 생육하므로 하천 개발과 농지 확장으로 인하여 곧 사라질 위기에 처해 있다.

우리나라에 서식하는 제비꽃 종류는 60여종이 넘는다고 한다. 가장 흔한 제비꽃부터 발견된 장소에 따라 서울제비, 남산제비, 금강제비, 태백제비, 장백제비, 간도제비, 색깔에 따라 흰제비, 노랑제비, 자주잎제비, 알록제비, 삼색제비, 모양에 따라 졸방제비, 단풍제비, 고깔제비, 왕제비 등등. 꽃말도 다양해서 흰제비꽃은 '소박함', '성실', '겸손', '티없는 순수함' 을, 노란 제비꽃은 ' 행복' 을, 하늘색 제비꽃은 '성실', '정절' 을, 보라색 제비꽃은 '진실한 사랑', '날 기억해주세요', 그 외에도 '순진무구한사랑', '소박한 사랑' 등 많기도 하다. 그만큼 사람들에게서 많은 사랑을 받기 때문이리라.

제비꽃은 피부병에 효과가 있어 찧어 붙이거나 달여서 먹기도 하며 관절염에 사용하기도 한다. 또한 봄이면 나물로 먹기도 하며 샐러드의 재료로 사용하기도 하며 염색재료로도 사용하였다. 꽃잎의 일부가 변한 거라는 꿀주머니를 가지고 있어 곤충을 유혹하여 수분한다. 하지만, 이 유혹만으로는 충분하다고생각하지 않아서인지 폐쇄화라고 하고 방법을 통하여 꽃을 피우지 않고 자가수분에 의해 스스로 수분하는 전략을 취하기도 한다.

나는 선제비꽃을 카메라에 담기 위하여 무려 왕복 700km를 달려 겨우 찾아 갔다. 선제비꽃들이 자생하는 바로 옆은 농지였다. 언제 농지로 바뀔지 모르는 달뿌리풀들이 우거진 곳에 겨우겨우 숨을 쉬고 있었다. 선제비꽃은 본래가 잎의 크기에 비해 줄기가 가늘어 혼자 서있기도 힘들어 무리지어 생육하는 특성을 갖고 있는 선제비꽃은 그나마 달뿌리풀 틈에서 살다 보니 그늘에 가려 빛을 찾느라 더욱 키만 커졌다. 환경부에서는 멸종위기 2급식물로 보호하고 있다지만, 이곳에는 그 어떠한 보호조치도 보이지 않는다.

선제비꽃은 제비꽃 중에서도 별로 볼품도 없고 쓰임새도 알려지지 않은 종류여서 그런지 그 운명이 언제 다할지, 가늘가늘하다. 아마 위정자들은 물론이고, 환경 보호론자들도 이 꽃을 본다면 없어져도 아무런 문제가 없을 것으로 여겨질 것이 분명하다. 하물며, 농민들이 관심이나 갖겠는가? 제비꽃 중에서도 꽃이 늦게 까지 피는 종류로 어찌 보면 쉽게 볼 수 있을 것 같은데도 자생지가 제한된 탓에 발품을 팔아야만 볼 수 있다. 별 가치를 느끼지도 못하고 관심도 없어 사라져가기 직전인 선제비꽃! 주위에는 너무나 흔하고 예쁘고 아름다운 제비꽃의 종류가 많아 오히려 선제비꽃과 같은 약하고 힘없는 꽃들은 관심을 받지 못하게 되고 버려지는 것 같다. 조금만 관심을 가지고 환경만 조성해 주면 아름다운 모습을 더 많은 사람들에게 보여줄 수 있을 터인데... 마찬가지로 세상에는 선제비꽃처럼 사람들의 관심을 끌지 못하고 오히려 귀찮은 존재처럼 느껴지는 연약한 사람들이 많다. 그들도 사랑받을 권리가 있고, 사랑받기위해 이 세상에 태어났음이 분명한데도 힘이 없고, 쓸모가 없다고 버려지고 잊혀지는 경우도 있다. 세상에 사랑받지 못할 사람은 없다. 또 존재가치가 없는 사람도 없다. 사람이건 식물이건 선입견 때문에 그 존재가치를 모르거나 가꾸어지지 않고 있을 뿐이다.

장백제비꽃 : *Viola biflora*

태백제비꽃 : *Viola albida*

섬시호

산형과
Bupleurum latissimum Nakai

섬시호는 울릉도 바닷가 숲속에서 자란다. 줄기는 곧추서며 높이가 60~100cm이다. 잎은 아래 부분에서는 뭉쳐나고 어긋나며, 잎자루는 길고 잎자루에 날개가 있으며, 위로 올라가면서 잎자루가 없어진다. 잎은 넓은 달걀모양이고 가장자리는 물결 모양이다. 시호속 중에서 가장 넓은 잎을 가지고 있다. 꽃은 6~7월에 줄기나 가지 끝에 노란색으로 피며 꽃잎은 도란형이다.

유사 식물인 시호 *Bupleurum falcatum* 는 잎이 가늘고 매끈하며 잎이 줄기를 감싸지 않는다. 뿌리는 해열 진통 진정의 한약재로 사용된다. 그러나 섬시호의 뿌리는 독성이 강하여 약으로도 사용할 수 없다고 한다. 줄기는 마르면 땔감으로도 사용하였다고 한다.

옛날 호胡씨 성을 가진 양반집의 아들이 온몸이 부들부들 떨리고 한기가 나면서 한편으로는 땀을 비 오듯 흘리며 몸이 추웠다 더웠다하는 병을 앓고 있었다. 마침 같은 병을 앓았던 머슴이 땔감으로 쓰던 풀로 완치되었다는 얘기를 듣고 그 풀을 사용하여 자신의 아들의 병도 완치되자 풀의 이름을 땔감으로 쓰이는 풀이라는 뜻의 '시柴' 자신의 성인 '호' 를 붙여 '시호' 라고 하였다 한다.

문제를 일으키거나 의견이 통하지 않을 때 또는 부모의 이름을 더럽히는 일을 했을 때나 부모의 이름을 함부로 입에 담을 때 그 사람을 가리켜 우리는 흔히 '근본' 이 안 되었다 라든지 '기본' 이 없다 라는 말을 사용한다. 중국이나 한국에는 개인의 이름을 존중하는 '경명사상敬名思想' 이 있다. 남의 이름을 함부로 부르지 않는다는 전통 있어서 이름 대신 자字, 호號, 시호諡號 등을 사용하였다. 호는 보통 살아있는 사람에게 붙이는 칭호이지만 시호는 사후의 행적을 평

가하여 나라에서 내리는 호칭이었다. 이순신의 충무忠武나, 김시습은 청간淸簡, 서경덕은 문강文康 등이다. 특히 임금에게서 시호를 받으면 이름을 바꾸어주는 은전易名之典이라고 하여 자손의 큰 영광이었다.

그런가하면 시호市虎는 한비자韓非子나 전국책戰國策과 위책 혜왕魏策 惠王에 나오는 말이다. 이 말은 세 사람이 얘기하면 시장에 호랑이가 나타났다는 거짓말도 믿게 할 수 있다는 뜻으로 시호삼전(市虎三傳)이나 삼인성시호(三人成市虎)의 준말이다.

위나라 혜임금이 왕자와 신하인 방총을 조나라에 인질로 보내게 되었다. 방총은 조정을 떠나기에 앞서 임금에게 말하기를 "만일 어떤 사람이 '시장에 호랑이 한 마리가 나타나 난동을 피우고 있습니다.' 라고 말하면 전하께서는 믿으시겠습니까?" 라고 말하자 임금은 "번화한

시장거리에 어떻게 호랑이가 나타날 수 있겠는가?. 당연히 믿지 않지." 그러자 방충은 "잠시 후에 또 한 사람이 와서 정말로 호랑이가 있다고 말하면 어떻게 하시겠습니까?" "그렇다면 아마도 반신반의하겠지." 그러자 다시 "이번엔 세 번째 사람이 와서 여전히 거리에 호랑이가 있다고 하면...". "그야 그렇다면 당연히 믿지. 세 사람이나 호랑이를 보았다는데 믿지 않을 수 없지 않은가." 그러자 방총은 "임금님, 거리에는 본래 호랑이가 없습니다. 하지만 세 사람 모두가 보았다고 하니 결국 임금님도 믿게 되었습니다. 조정을 떠나있는 동안 저에 대한 비난이 있더라도 임금님께서 잘 살펴주시기를 바랍니다."라고 하였다고 한다.

왕은 방총의 말뜻을 깨닫고 그에 대한 어떠한 비방이나 유언비어도 믿지 않겠다고 약속하였지만 결국 많은 사람이 그를 모함하자 혜임금은 결국 그를 의심하였고 왕자가 인질에서 풀려나 돌아 온 후에도 자기 나라로 돌아올 수 없었다는 이야기가 있다. 이 이야기에서 "삼인시호(三人市虎)"라는 말이 생겼다고 한다. 우리 생활에 있어서 아무런 근거가 없는 유언비어도 이를 퍼뜨리는 자가 많으면 결국 믿게 된다고 하는 것이다. 독일의 철학자 칸트는" Don' t judge opinions by their numbers 수로 판단하지 말라"는 말을 남겼다. 민주주의 기본은 수적 우세에 의해 어떠한 일들을 결정하는 시스템이다. 문제는 수적으로 우세하다고 하여 그것이 더 진실이거나 사실이 아닐 수 도 있다는 것이다. 소수의 의견에 귀를 기울이고 다시 한 번 재고해 봄으로써 잘 알고 있으면서도 넘어가는 시호와 같은 미련함에 빠지지 않는 지혜가 더욱 절실한 시대인 것 같다.

시호 : *Bupleurum falcatum*

섬현삼

현삼과
Scrophularia takesimensis Nakai

울릉도 특산식물이자 멸종위기식물 2급 보호종으로 지정돼 보호받고 있는 '섬현삼'의 '섬'은 자생지, 현'은 검다는 뜻이며, '삼'은 뿌리가 굵다는 의미로 인삼과 비슷하다 해서 흑삼, 원삼이라고도 한다. 줄기는 1m에 달하고 네모지며 능선이 발달한다. 잎은 마주 난다. 꽃은 6~7월에 원줄기 끝에서 달리고 검붉은 보라색 꽃을 피운다. 화관은 단지모양으로 끝이 3갈래로 갈라진다. 섬현삼이 유사식물인 현삼과 다른 점은 줄기가 4면으로 이루어지고 납작한 면과 패인 면이 서로

마주하며 패인 면에는 잎자루 기부와 연결되는 돌출한 2개의 능선이 있는데 이 능선을 줄기의 날개라고 한다. 울릉도에서도 몇 군데에서만 볼 수 있으며 자생지는 특별히 보호되고 있다.

울릉도는 바다 가운데에서 화산이 폭발하여 된 섬으로 육지와는 연결된 적이 없어 독도와 더불어 우리나라의 유일한 대양섬이다. 하와이나 마다카스카르섬처럼 육지와 고립되어 있다 보니 세계적으로 오직 울릉도에서만 볼 수 있는 특산 생물들이 많다. 울릉도는 쥐를 제외한 포유류와 파충류가 없으며 식물들도 독특한 현상을 보여 특산식물이 많다. 섬이나 우산, 울릉이란 이름이 붙은 대부분은 울릉도 특산 식물이다. 예를 들면 섬현삼을 비롯하여 멸종위기 보호종인 섬개야광나무, 섬시호, 섬국수나무, 그 이외에도 섬현호색, 우산제비꽃, 울릉국화 등 40여종이 넘는다. 또한 식물 생태계를 연구하는 중요한 식물인 나도밤나무, 덩굴용담, 큰연영초, 만병초, 섬노루귀 등등 우리나라에서는 울릉도에서만 볼 수 있는 종들도 많다. 문제는 울릉도가 독도와 더불어 많은 국민들의 관심의 대상이 되면서 섬으로 들어오는 많은 관광객들의 편의를 위해 도로를 확장하고 일주도로를 만들고 숙소나 유흥지를 만드는 개발 등을 통해서 해안가의 절벽이나 자갈밭에서 자라는 특이식물들의 살 자리를 잃어가고 있다는 것이다. 사실 섬시호나 섬현삼, 그리고 모래지치 등 해안가에 주로 살던 식물들이 사람들에게 그들의 터전을 내어줌으로 말미암아 설자리가 없어져 멸종의 위기에 처하게 되었다. 울릉도의 명물 중에 명이나물이라는 것이 있다. 명이나물은 '울릉산마늘' 의 순이다. 울릉도 사람들이 먹을 것이 없어 어렵게 살던 시절 그들의 삶을 잇게 해준 것이 이 '울릉산마늘' 로 고맙다는 뜻에서 목숨명자를 붙여 '명이나물' 이라고 부르는 것이다. 지금도 명이나물은 울릉도의 대표적 특산물로 주민들의 높은 소득원이기도 하다. 지천에 널려있는 들풀들을 보호하는 것은 단순히 그 식물들을 보전한다는 의미보다는 그

것들이 언제 우리의 삶에 큰 영향을 줄지 모른다는 점에서 지키고 보존하여야 할 우리의 자원인 것이다.

섬현삼 꽃을 보고 있노라니 복어와 비슷하다는 생각이 들어 갑자기 복어요리 생각이 난다. <규합총서>에 복어의 맛을 "서시유西施乳"라고 하는데, 서시는 미모로 오나라를 망하게 한 월나라 미녀로 중국 4대 미인 중 하나였다. 복어 수컷의 정자 덩어리가 터지면 국물이 '젖'같이 뿌옇게 번진다고 한다. 젖을 유방으로 비유하여 복어의 살을 "서시의 유방"이라고 하였으니 얼마나 많은 남정네들이 복어 살을 두고 침을 흘렸겠는가? 그러나 너무 고우면 독이 있다던가. 그럼에도 중국의 소동파蘇東坡는 "복어는 목숨과도 바꿀 만한 맛"이라고 하며 "복숭아꽃이 질 무렵 강을 따라 올라오는 복어를 먹느라 정사를 게을리 했다"는 지청구도 들었다 하니, 지금이나 옛날이나 미인과 맛에는 목숨도 바치고 정사도 태만하게 되는가 보다.

또 한편으로는 꽃모양이 '주제넘게 참견하기를 좋아하는' 입 모양을 닮았다.

현삼 : *Scrophularia buergeriana*

울릉산마늘 : *Allium ochotense*

세뿔투구꽃

미나리아재비과
Aconitum austrokoreense Koidz.

세뿔투구꽃은 금오산에서 처음 발견되어 '금오오돌또기' 라고도 한다. 산지에서 자라며 겨울에는 줄기가 말라죽고 뿌리만 살아 있다가 이듬해 봄에 새로 싹이 나는 숙근성 여러해살이 풀이다. 높이 60～80cm이다. 줄기는 비스듬히 서거나 다른 식물에 기대어 자라며 가지를 내지 않는다. 잎은 어긋나고 가죽 같은 질감이 있으며 아래쪽의 잎은 단풍잎 같은 5각 모양이다. 윗부분의 것은 긴 삼각 모양으로서 얕게 갈라지며 톱니가 있다. 위쪽으로 갈수록 잎자루가 짧아지고 끝이 뾰족해진다. 잎이 삼각형 모양이며 끝이 뾰족하므로 세뿔투구꽃이라 한다. 꽃은 8～9월에 잎겨드랑이에서 하늘색으로 피며. 꽃잎처럼 생긴 꽃받침은 투구 모양이다. 2개의 꽃잎은 꽃받침 속으로 들어가 관처럼 생긴 꿀주머니로 되고 길이는 약 1cm 정도로 끝부분이 젖혀진다. 수술은 많으며 날개처럼 생기고 씨방은 3개로 털이 있다.

투구꽃의 속명인 Aconitium 은 뿌리에 함유된 aconitine에서 유래하였으며 검은색을 갖는 뿌리를 한방에서는 초오라고 한다. 진통이나 마취제로 사용하지만 독성이 있어 생으로 먹으면 안 된다. 유사식물인 놋젓가락나물 *Aconitum ciliare* 은 덩굴성 숙근초로 보라색의 꽃을 피운다.

군인이 전투 할 때 적의 화살이나 칼로부터 머리를 보호하기 위하여 쓰던 모자로 특히 로마병정의 투구를 닮았다하여 '투구꽃' 이라는 이름이 붙었다. 우리나라에는 1936년 손기정이 베를린 올림픽 경기대회 마라톤 경기에서 우승한 기념으로 받은 고대그리스 청동 투구가 국립박물관에 기증된 보물 904호로 전시되어 있다. 이 청동 투구는 1875년 그리스 제우스 신전에서 발굴된 것으로 기원전 6세기에 그리스 코란트 지역에서 제작된 것이라고 한다. 청동 투구는 근대 그리스의 올림피아 체전에서 마상경기를 할 때 쓰거나 신에 대한 감사의 표시로 만들어진 것으로 그리스 아테네 브라드니신문사가 1936년 베를린올림픽 마라톤 경기우승자에게 수여토록 하였다. 손기정 선수가 우승을 하여 부상으로 받아야 하였지만 국권을 잃은

놋젓가락나물 : *Aconitum ciliare*

우리나라는 일본인들의 방해로 손선수에게 수여되지 못하고 베를린의 샤르덴부르크박물관에 보관되어 있다가 투구 반환운동에 의하여 1986년 손선수에게 돌아왔다. 손선수는 "청동투구는 개인의 것이 아니라 민족의 것으로, 국민에게 긍지를 심어주고 청소년에게 꿈과 투지를 키워 주어야 한다" 라는 생각으로 1994년 국가에 기증하였다. 늦게나마 조국의 품으로 돌아온 청동투구, 국가가 힘이 없을 때 받는 설움이 어떠한지를 뼈저리게 느끼는 사건이기도 하다. 멸종되어가는 '세뿔투구꽃' 의 운명, 세뿔투구꽃도 청동투구 못지않게 전세계에 민족의 긍지를 보이며 자랑을 할 식물이다. 청동 투구처럼 나중에야 소중하다는 것을 깨달았을 때에는 너무 늦거나 보존하기에 어려운 힘이 들게 될지도 모른다.

남바위

영문이름인 Monk' s hood는 '수도승의 두건' 을 뜻한다. 어찌 보면 조상들이 머리에 쓰던 남바위와 생김새가 비슷하다. 남바위는 남녀노소 공통으로 사용하던 것으로 풍뎅이라고도 하였으며 원래 노인들이 갓 밑에 귀를 가리는 방한모였다. 옛날 남南이라는 사람이 생각해내서 생긴 이름이라고도 한다. 겉의 가장자리에 털가죽을 둘러 붙인 방한모로 이마와 귀 목덜미를 덮는다. 계급에 따라 재료가 달랐다고 하며 당상관은 비단과 담비털을 사용하고, 3품 이하 9품 까지는 초 즉 견직물이나 쥐가죽을 사용하였으며, 민간인은 수달피 가죽이나 족제비 가죽을 사용하였다.

1936년 손기정이 베를린 올림픽 경기대회 마라톤 경기에서 우승한 기념으로 받은 고대그리스 청동투구

솔붓꽃

붓꽃과
Iris ruthenica Ker Gawl. var. *nana* Maxim.

솔붓꽃은 산지의 건조한 곳에서 자라는 여러해살이 풀이다. 땅속줄기는 옆으로 뻗으면서 새순이 나오고, 묵은 잎으로 싸여 있다. 잎은 비스듬히 서고 줄 모양이지만 꽃이 피고 나면 길이 30cm 정도까지 자란다. 꽃은 4~5월에 꽃자루 끝에 1~2개의 보라색 꽃이 핀다. 꽃자루는 매우 짧으며, 잎집 같은 포는

가장자리에 붉은색을 띤다. 바깥쪽 꽃잎은 3개이며 밖으로 퍼지고 백색의 그물무늬가 넓게 차지하고 있다. 암술대는 꽃잎처럼 생기고 3개로 갈라져 꽃잎처럼 보이며 끝부분이 얕게 2개로 갈라진다.

주로 마을 근처나 묘지등에 분포하며, 무분별한 묘지 형질변경, 채취 등으로 인해 개체수가 급감하고 있다.

유사식물인 각시붓꽃은 모여 나지만 솔붓꽃은 한두송이 이상 모여피지 않는다. 또한 솔붓꽃은 모양이 난장이붓꽃과 더 비슷하다. 난장이붓꽃의 화경은 잎과 포엽(자방을 감싸고 있는 2장의 포엽)사이에 보인다. 솔붓꽃의 화경은 잎이 엽초같은 포엽을 감싼듯이 보인다. 화경이 길게 보이면 난장이붓꽃이고, 화경이 안보이거나 극히 짧으면 솔붓꽃이라고 구분한다. 솔붓꽃이나 난장이붓꽃이나 우리의 주위에서 거의 사라져 쉽게 보기가 힘들어졌다. 난장이붓꽃은 주로 높은 산에 분포하지만 솔붓꽃은 그 뿌리로 솔을 만들어 무명에 풀칠하는데 썼다고 할 정도로 사람들 눈에 쉽게 띄는 곳에 분포했던 것 같다. 솔붓꽃의 뿌리가 거칠고 가늘게 솔처럼 얽혀 있어 솔붓꽃이라 한 것 같다. 사실 각시붓꽃과 솔붓꽃은 일반인은 쉽게 구분하기 힘들다. 또한 각시붓꽃의 뿌리는 솔붓꽃보다 더 거칠고 억세다. 실제로 시골에서 솔로 만들어 사용한 것은 대부분 각시붓꽃의 뿌리였다고 한다. 솔붓꽃과 각시붓꽃은 주로 인가와 가까운 곳에 분포하다 보니 솔붓꽃이라는 이름 때문에 그 뿌리로 솔을 만들었으리라는 추측도 하게 되지 않았나 생각되어진다. 각시붓꽃으로 만든 솔의 일부를 잘라 불에 태워 참기름에 개어서 종기가 난 환부에 발라 치료에도 썼다는 민간요법도 있는 걸보면 매우 친근했던 꽃이었던 것 같다. 요즈음에도 각시붓꽃의 뿌리를 마린근이라 하여 한약 재료로 사용하고 있다. 이 솔붓꽃 사진은 2010년도에 천안시청 앞 동네에 담은 것이다. 그때만 해도 그곳에 많은 솔붓꽃이 피어났지만 지금은 모두 도시개발로 사라져 버렸다. 주위에 많던 솔붓꽃이 멸종위기식물로 지정될 정도로 보기 힘들어진 가장 큰 원인은 사람들이 사는 곳 주위에 분포하여 사람의 손에 의해 훼손되고 또한 도시화로 인한 개발 때문인 것 같다는 생각을 지울 수가 없다. 주위에서 서민들과 친근했던 식물들이 여러 가지 이유로 자꾸만 보기 힘들어지고 사라지는 것을 보면서 식물을 공부하는 사람으로써 안타깝기 그지없다.

각시붓꽃 뿌리로 만든 솔

난쟁이 붓꽃 : *Iris uniflora* var. *caricina*

각시붓꽃 : *Iris rossii*

솔잎란

솔잎란과
Psilotum nudum (L.) P.Beauv.

솔잎란은 해안 근처에서 자라는 늘 푸른 양치식물로 나무나 바위에 착생한다. 높이는 10~30cm이다. 뿌리줄기는 갈색 헛뿌리이며 진정 뿌리는 없다. 줄기는 녹색이고 밑에서부터 2갈래로 되풀이하여 갈라져서 빗자루와 같은 모양이 된다. 줄기에 나는 작은 돌기 같은 것이 잎이며 2개로 갈라지고 겨드랑이에 포자낭이 1개씩 달린다. 포자낭은 3실로 되어있으며 노랑색으로 익으면서 3개로 갈라져 포자가 나온다.

양치식물이지만 전엽체는 막대모양이며 녹색가지가 솔잎같이 보인다고 솔잎란이라 부른다. 난이라는 이름이 붙었지만 난과는 전혀 다른 양치식물이다.

지금까지는 제주의 해안 석회암지대에만 분포하는 것으로 알려졌으나, 화순 등 남쪽 지방의 암벽 절리에서도 발견되어지고 있다. 솔잎란은 적은 종으로 하나의 식물문을 이루는 특징적인 식물이며, 희소할 뿐 아니라 가장 원시적인 형태의 유관속식물로 알려져 있어 학술적으로도 매우 중요한 위치를 차지하는 식물이다. 그러나 자생지가 암벽 절리이다 보니 자생지의 붕괴와 하상이나 도로 정비에 의한 훼손, 그리고 희귀종을 좋아하는 수집가들의 무단채취와 주위 식물과의 경쟁에서의 밀려나 점점 생존에 위협을 받고 있다.

험한 바위 곧 스러질 것 같은
세상의 격정과 풍파에 밀려
갈 곳 없어 어쩔 수 없이 자리 잡은 곳

그마져도 힘에 겨워 가늘가늘한 허리
겨우 움켜쥐고 행여 누군가 알아볼까
좁고 좁은 바위 틈 속으로 파고들어

바람이나 알아보라고
하늘을 나는 저 새들이나 가끔 쉬어가다 알아보라고
작고 가는 허리 삐꼼히 내밀고 세상 아래를 바라본다

그래도 세상에서 가장 높은 곳에서
미물들의 아름다움 자랑을 하찮타 웃음으로 넘기며
세상이 아름답다고 수없이 많은 자식들을 바람에 품어낸다.

순채

수련과

Brasenia schreberi J.F.Gmel.

순체는 연못과 같은 흐르지 않는 물에서 자라지만 옛날에는 잎과 싹을 먹기 위해 논에 재배하기도 하였다. 땅속줄기가 옆으로 뻗으면서 50~100cm 까지 자란다. 잎은 물위에 뜨며 넓은 타원형이다. 뒷면은 자줏빛이 돌고 중앙에 잎자루가 달린다. 우무같은 끈적한 물질이 긴 줄기를 둘러싼다. 꽃은 5~8월에 잎겨드랑이에서 자란 긴 꽃자루 끝에 위를 보고 1개씩 검은 홍자색으로 핀다.

마름이나 가시연꽃과 마찬가지로 잎의 뒷면은 짙은 보라색을 띠는데 이는 자외선을 잘 흡수하기 위해서라고 한다. 물속에서 있는 시간이 길어 충분한 빛을 이용하기 위해서는 나름의 전략을 만들어야 한다. 우무질로 잎이나 줄기의 표면을 방수 코팅하여 물의 흡수를 막으면서도 잎의 심층부에 자외선 흡수층을 만들어 자외선을 흡수하여 광합성을 잘 할 수 있게 하였다. 꽃잎이 6장으로 보이지만 3장은 꽃받침이고 안쪽 3장만 꽃잎이다. 많은 수술을 가지고 있어 바람에 의해 꽃가루받이를 하는 풍매화이다. 암수 한꽃인데도 수술은 암술과 수술은 꽃이 피는 시간을 달리하여 암꽃과 수꽃이 따로 피는 것처럼 보인다. 이는 자기꽃가루받이 보다는 다른 꽃의 꽃가루받이를 하여 좀 더 유전적 변이를 많이 갖는 자손을 만들어 환경에 좀 더 잘 적응하기 위한 전략이다. 수술이 시들고 나면 암술이 자라 머리에 끈적끈적한 점액질이 생기고 꼬투리 전체가 물속으로 들어가며 열매가 물속에서 익는다.

순채蓴菜란 순을 나물로 먹는다는 의미이다. 부규, 순나물이라고도 한다. 어린잎으로 국을 끓이거나 초장에 찍어 먹기도 하며 임금의 수라상에도 올랐다고 한다. 일본인들은 순채의 무침이나 국물을 "꿈의 식품"이라고 하며 순채를 "환상의 풀"이라고 할 정도로 좋아한다. 또한 약재로도 사용된다. 동의 보감에는 인체의 독소나 노폐물의 제거에 좋다고 기록되어 있으며 방합方合에는 "순채성냉 역능보 갈달약독 병가유蓴菜性冷 亦能補 渴疸藥毒 竝可愈" 즉 순채는 성질이 냉하며 대소장을 보호하고, 갈증과 황달과 약의 독을 아울러 고칠 수 있다고 기록하고 있다.

옛 선비들은 순채를 무척이나 좋아하였다. 아마도 연꽃처럼 지나치게 요염하지 않으면서도 정적인 편안함을 주기 때문이었으리라. 면암 최익현선생은 순채를 둘러싸는 투명한 성질을 보고 맑고 청렴한 선비의 기질로 생각하여 순담이라는 시를 남겼다.

녹야당년의미청綠野當年意味淸 **초야에 묻혀 지내는 그 의지 맑아**
객래지유곡금명客來只有谷禽鳴 **그리워 다시 찾아오니 산새만 지저귄다**
부운류수미망지浮雲流水迷茫地 **떠있는 구름도 흐르는 물도 끝없이 헤멘다**
채채담순불진정采采潭蓴不盡情 **순채를 뜯어보지만 마음 진정할 수가 없구나**

고려의 문장가 이규보(李奎報)는 친구집에 초대받아 순채국 먹는 심경을 다음과 같이 노래하였다.

팽빙고비문烹氷古未聞 **얼음 삶은 국은 듣지도 못했는데**
자홀과차팽子忽誇此烹 **그대는 어찌하여 얼음국을 자랑하는가**
오래세상견呼來細相見 **불려와서 자세히 살펴보니**
시기위순갱是之謂蓴羹 **이제야 알겠네, 순채국인 것을**

강원도의 철원의 한탄강가에는 임꺽정이 자연석굴에서 기거하며 활동하였다는 고석정이 있으며 고석정에서 2km 정도 떨어진 계곡을 순담계곡이라고 한다. 이곳에 순조 때 우의정을 지낸 김관주 선생이 몸이 쇠약하여 요양을 하기 위해 철원에 찾아와 이곳에 연못을 파고 순채를 심어 순담이라고 부르게 되었다고 한다. 지금은 순채는 볼 수 없고 이름만 남아있을 뿐이다. 순채는 번식력이 뛰어난 수생식물이다. 그러나 흐르지 않는 물에 살기 때문에 농민들의 농약 살포나 개발을 위해 연못을 메워 버림으로써 멸종위기까지 가게 되었다. 늦었지만 이런 역사성이 있는 곳에 다시 연못을 조성하고 순채를 심어 옛 조상의 멋과 풍류를 재현하고 느껴보도록 가꾸어 보면 어떨까?

애기송이풀

현삼과
Pedicularis ishidoyana Koidz. & Ohwi

한국산 송이풀속은 5종이 분포한다. 송이풀 *P. resupinata*은 백두대간을 중심으로 전국의 아고산대에 분포하며, 만주송이풀 *P. mandshurica*과 이삭송이풀 *P. spicata*, 한라송이풀 *P. hallaisanensis*은 산정상의 초원에 격리 분포한다. 애기송이풀은 한국 특산종으로 중부 지방의 계곡 주변에 분포하는 여러해살이 풀이다. 송이풀을 비롯한 다른 종들은 키가 수십 센티가 되는데 비해 애기송이풀은 줄기가 발달하지 않고 길고 연약한 화경을 갖는 특징을 가지고 있다.

잎은 깃털 모양 겹잎이다. 5월에 입술 모양의 붉은 보라색 꽃이 핀다. 화관 상순의 선모가 뚜렷하다. 다른 종들은 아래 꽃잎술에 선모가 없으나 애기송이풀은 아래 꽃입술에 긴 선모가 있는 것이 특징이다. 애기라는 이름이 붙었지만 꽃은 다른 송이풀보다도 크다.

주로 계곡에 자생하며 도로확장, 홍수, 유원지조성, 무분별한 채취 등으로 인해 자생지가 급격히 훼손되고 있다.

애기송이풀과 비슷한 이름을 가진 나도송이풀이 *Phetheirospermum japonicum*라는 들풀도 있다.

나도라는 이름이 붙는 식물이 여럿있다. 남쪽해안에는 나도밤나무가 서식하는데 거기에는 재미있는 전설이 전해져 내려온다. 옛날 깊은 산골에 사는 부부에게 산신령이 나타나 언제까지 밤나무 1천 그루를 심지 않으면 호랑이한테 화를 당할 것이라는 꿈을 꾸고, 호랑이로부터 화를 피하기 위하여 열심히 밤나무를 심기 시작하였다. 999그루는 심었는데 마지막 한 그루는 도저히 채울 수가 없었다. 가엾은 부부는 호랑이 앞에서 어쩔 줄 몰라 하고 있는데 갑자기 한 나무가 냉큼 "나도 밤나무

나도송이풀 : *Phtheirospermum japonicum*

요"하고 나섰다. 호랑이 눈에는 밤나무와 구별이 되지 않아 1000그루로 인정을 받고 부부는 호랑이의 화를 면했다는 전설이 있다. 그때부터 이 나무를 나도밤나무라고 부른다고 한다. 한마디로 식물에 나도라는 이름이 붙으면 완전히 다른 분류에 속하면서도 모양이 비슷하게 생긴데서 붙여진다는 뜻이다. 나도송이풀 *Phtheirospermum japonicum*의 꽃이 필 무렵부터 송이를 따기 시작한다는 데서 붙여졌다고도 한다.

식물의 이름에 애기가 붙으면 애기처럼 작거나 귀엽다는 뜻이지만 애기송이풀을 접하면 어! 아닌데 하는 생각이 들게 된다. 꽃이 생각보다 크기 때문이다. 그런데 왜 애기가 붙었을까? 꽃을 유심히 살펴보니 고개가 끄덕여 진다. 꽃보다는 식물체의 모양 때문인 것 같다. 보통 송이풀은 긴 줄기가 있어 거기에서 꽃이 핀다. 그런데 애기송이풀은 줄기가 없어 잎만 옆으로 누워자란다. 아무리 커도 어린 아이처럼 설 수가 없는 것이다. 또한 아기들은 매우 연약하여 조그만 힘을 주어 잡아도 곧 잘 팔이 부러지거나 허리를 상하기 쉽다. 마찬가지로 애기송이풀의 잎이나 꽃도 매우 약하여 살짝만 건드려도 쉽게 부러져 버린다. 꽃을 담기 위하여 주위의 지저분한 것들을 제거하다 살짝이라도 닿으면 쉽게 잎이 상처를 받는다. 애기처럼 매우 약하여 주의하여 보살피지 않으면 쉽게 상처를 받는다. 그리고 사는 곳이 하천 옆이다 보니, 하천의 보수공사나 도로의 확장공사로 인해 자생지가 많이 훼손되어 쉽게 볼 수 없게 되었다. 내가 만난 애기송이풀의 자생지도 바로 옆이 하천이고 또 길가여서 폭우라도 내리면 하천이 망실되거나 도로가 파괴되어 보수공사로 언제 사라질지도 모르는 곳이었다.

연잎꿩의다리

미나리아재비과
Thalictrum coreanum H.Lév.

연잎꿩의다리는 설악산의 특산 식물로 여러해살이 풀이다. 잎자루가 잎의 중간에 붙어 있어서 삼지구엽초와 혼동하여 사람들에게 많은 시달림을 당한다. 줄기는 높이가 60cm정도 되고 털이 없다. 6월에 연한 자주색 꽃을 피우며 흰빛이 나는 꽃잎처럼 보이는 꽃받침이 있다. 뿌리는 비대하며 근경은 짧고 굵으며 흑갈색 잔뿌리가 많이 나온다. 유사식물로 좀꿩의다리가 있다.

7월말 아직 동이 트기에는 한참이나 남은 새벽 4시, 이마에 렌턴을 켜고, 등 뒤에는 카메라와 렌즈, 물과 음식 등이 든 무거운 가방을 둘러메고 바로 눈앞 발끝만 보이는 산을 오르기 시작한다. 아무것도 보이지 않는 칠흑같은 어두움을 뚫고 그저 발끝만 보고 오르다 쉬었다 하기를 3시간여, 어느덧 주위가 밝아지고 뒤를 돌아보니 아니 내가 이 길을 올라 왔나 스스로도 놀랍다. 한 순간에 다리가 후들 후들 떨리고 기운이 쑥 빠진다. 지친 몸을 주위의 바위에 기대고 한 모금 물을 마시고 숨을 돌리는 순간, 길가 숲속에 가느다란 줄기에 한얀 꽃망울을 단 식물이 눈에 들어 온다. 언제 두 다리가 흔들렸냐는 듯 단숨에 달려가 확인하니 둥근잎꿩의다리이다. 마침 떠오른 아침 햇살을 받아 하얀 꽃잎이 더욱 눈부시다. 이른 시간이어서인지 바람이 불지 않아 그 긴 다리가 요동도 하지 않고 서 있다. 마치 짝사랑하던 사람을 갑자기 눈앞에서 만나 숨이 멈춰 버린 듯, 아니 내가 그랬다. 한참을 그녀와 얘기하다 주위를 돌아보니 온갖 꽃들이 환한 얼굴로 나를 맞이하고 있다. 모싯대, 여로, 금강분취, 네귀쓴풀, 쑥부쟁이, 산오이풀, 바람꽃, 가는다리장구채, 금강초롱, 동자꽃, 송이풀, 둥근이질풀 등등 모두 다 나열할 수가 없다.

설악산 국립공원과 그 주변이 1982년 유네스코 생물권 보호지역으로 지정되었으나 등산인구의 급격한 증가와 더불어 대청봉을 중심으로 산사태로 인한 자연훼손이 심각하다. 특히 대청봉 주변은 심한 산사태로 훼손이 심하며 또한 수목들의 침범으로 초원이 점점 상실되어가고 있어 이 지역에 분포하는 많은 식물상들이 감소되고 있는 실정이다. 그나마 산사태를 막기 위한 공사들이 진행되고 있어 조금은 안심이 되기도 하지만 너무 많은 등산객들로 인해 복원이 쉽지 않아 보인다.

좀꿩의다리는 싹이 나올 때의 모양이나 가느다란 줄기의 마디가 꿩의 다리처럼 보인다고 하여 붙여진 이름이나 그 중에서도 연잎꿩의다리는 잎의 모양이 연잎 같다고 하여 붙여진 이름이다. 뿌리는 한약명으로 마미연(馬尾連)이라고 하며 눈을 밝게 해주거나 지사제로 사용한다고 한다. 뿌리가 말의 꼬리를 닮았는지는 모르겠지만 속을 '평안' 하게하고 눈을 밝게 해 준다니 사람에게 있어서는 더없이 고마운 식물이 아닐 수 없다.

어느 누군가와 담소를 나누다가 꿩에 대한 얘기를 하게 되었다. 꿩은 날개가 있지만 급하면

날아 가는게 아니라 마구 뛰어간다는 것이다. 그러다 작은 돌앞이나 풀섶에 머리를 박고 몸을 숨긴 것처럼 한다는 것이다. 어릴 적에 어머님께서 하시던 말씀이 생각났다. 6.25전쟁 시절 아직 갓난아기인 나를 등에 업고 피난을 다니셨는데, 가끔 비행기에서 갑자기 기총사격을 할 때면 도망칠 곳이 없어 눈앞에 보이는 작은 바위에다 몸을 움츠리고 숨으셨단다. 그런데 신기하게도 몸이 숨겨지더라고 하셨다. 정말로 몸이 숨겨졌는지 숨겨진 것처럼 생각하셨는지는 모르지만 갑자기 궁지에 몰리면 꿩뿐만 아니라 사람도 그런 모습을 보이는가 보다. 이를 미련하다고 하는 사람은 아마도 그러한 처지를 한 번도 당해보지 않은 참으로 행복한 사람인지도 모르겠다.

장끼

좀꿩의다리 : *Thalictrum kemense* var. *hypoleucum*

꼭지연잎꿩의다리 : *Thalictrum ichangense*

왕제비꽃

제비꽃과
Viola websteri Hemsl.

왕제비꽃은 습한 곳에서 야생한다. 줄기가 있고 곧게 서며 높이 40~90cm 내외이다. 잎은 어긋나고 잎자루가 있으며 바소꼴 또는 달걀 모양의 타원형으로 끝이 날카롭고 밑이 좁으며, 특이한 모양의 날카로운 톱니가 있다. 잎 뒷면에는 잔털이 난다. 턱잎은 줄 모양의 바소꼴이고 깃꼴로 가늘게 갈라지며 줄기의 양측에 곧게 난다.

꽃은 4~5월에 피고 흰색 바탕에 자주색 줄이 있다. 꽃자루는 길이 3~6cm이며, 소포는 중앙 위쪽에 달린다. 꽃받침은 바소꼴으로 5조각이고 꽃잎도 5개이며 한 쪽을 향하여 핀다. 꿀주머니는 짧고 화관은 약간 작다.

열매는 삭과(蒴果)로 달걀 모양의 타원형으로 끝이 날카롭고 3개로 갈라지며 숙존(宿存) 꽃받침이 있다. 한국 특산종으로 강원도 영월, 함경남도 삼방, 백두산 등지에 분포한다

제비꽃의 개화 시기가 제비가 날아올 때와 일치하고, 제비꽃의 모습이 날아가는 제비의 모습과 흡사하다 하여 제비꽃이라 붙였다고도 한다.

예부터 우리의 조상들로부터 사랑과 미움을 함께 받은 제비꽃.

William Wordsworth (윌리암 워즈워드)는 1799년에 루시라고 하는 소녀에 대하여 She dwelt among the untrodden way (인적멀리 떨어진)의 두번째 소절에서

"A violot by mossy stone half-hidden from the eye!
Fair as a star, when only one shining in the sky.

"이끼낀 바위 틈에 반쯤은 숨은 한떨기 오랑캐꽃인가!

어둔밤 밤 하늘에 홀로 반짝이는 아름다운 별인가."라고 사랑하는 소녀를 제비꽃에 비유하여 사랑을 읊고 있다.

월북시인 이용악은 오랑캐꽃이라는 시에서

"아낙도 우두머리도 돌볼 새 없이 갔단다
도래샘도 띳집도 버리고 강 건너로 쫓겨 갔단다
고려 장군님 무지 무지 쳐들어와
오랑캐는 가랑잎처럼 굴러 갔단다
....중략...
너는 오랑캐의 피 한 방울 받지 않었건만
오랑캐꽃
너는 돌가마도 털메투리도 모르는 오랑캐꽃
두 팔로 햇빛을 막아 줄께
울어보렴 목놓아 울어나 보렴 오랑캐꽃

...뒷글... 생략"

이유도 없이 뒷모양의 거(꿀주머니)가 오랑캐의 뒷머리 같다하여 오랑캐꽃이라 불리운 제비꽃의 측은함을 노래하였다. 이용악 시인은 그 전에 북쪽으로 올라갔지만 어찌 보면 5공 시절에 이유 없이 빨갱이로 몰려 수난을 당한 이들을 노래한 것 같기도 하다.

이해인 수녀님이 결혼하는 신부와 신랑을 앞에 두고 읊은 제비꽃 연가에서

"나를 받아 주십시오 헤프지 않은 나의웃음
아껴둔 나의향기 모두 당신의 것입니다.
당신이 가까이 오셔야 나는 겨우 고개를 들어
웃을 수 있고 감추어진 향기도 향기인 것을 압니다.

당신이 가까이 오셔야 내 작은 가슴속엔
하늘이 출렁일 수 있고
내가 앉은 이세상은 아름다운 집이 됩니다.
담담한 세월을 뜨겁게 안고 사는 나는
가장 작은 꽃이지만
가장 큰 기쁨을 키워드리는 사랑꽃이 되겠습니다
당신의 삶을 온통 봄빛으로 채우기 위해
어둠 밑으로 뿌리내린 나
비오는 날에도 노래를 멈추지 않는
작은 시인이 되겠습니다.
나를 받아 주십시오."

새로이 가정을 꾸미고 출발하는 젊은이들에게 제비꽃같은 사랑꽃이 되라는 한 수녀의 기도이다.

으름난초

난초과
Cyrtosia septentrionalis (Rchb.f.) Garay

으름난초는 개천마라고도 하며 숲속에서 나는 여러해살이 풀로 부생식물(균사에 기생)이다. 높이 50~100cm이다. 천마와 마찬가지로 뽕 나 무 버 섯 균(*Armillaria mellea* Fr.)과 공생한다. 굵은 뿌리줄기가 옆으로 뻗어 자라며 엽록소가 없는 비늘잎이 달린다. 줄기는 딱딱하고 황갈색이며 가지가 갈라진다. 비늘잎은 삼각 모양으로 뒷면이 부풀며 마르면 막질(膜質:얇은 종이처럼 반투명한 것)로 된다. 꽃은 6~7월에 노란빛을 띤 갈색으로 핀다. 열매는 8~9월에 꽃의 모양과는 달리 길쭉한 모양의 붉은색 열매가 열리며 모양이 으름과 비슷 하여 으름난초라고 한다. 종자에는 날개가 있다. 속명 Galeola는 라틴어 galea에서 유래된 말로 다른 난들과는 달리 꽃받침이 뒤로 젖혀지지 않아 투구모양을 하고 있다는 데서 붙여졌다. 한방에서는 열매를 토통초土通草라고 하며 강장제로 사용하였으나 지금은 멸종위기 보호식물로 자연에서 채취할 수 없으며 아직 재배방법이 없어 한약으로 사용하고자 하는 것은 삼가야 한다. 주로 제주도에서 사는 것으로 되어 있지만 광주의 무등산이나 김천에서도 발견되고 있다.

으름난초는 예전부터 천마와 마찬가지로 한방에서 약재로 사용되지만 천마와는 달리 아직 재배방법이 실용화되지 않아 보이는 대로 자연에서 채취하는 바람에 자생지에서 많이 사라졌다. 뿐만 아니라 꽃보다는 열매가 특이하고 색이 붉어 자생지에서 사람들의 눈에 쉽게 뛰어 신기하게 여긴 사람들이 쉽게 접근함으로써 많이 손상되고 있다.

귀한 으름난초를 보기 위하여 몇 번의 제주여행 끝에 아름아름으로 만난 으름난초, 생각보다 쉽게 접근할 수 있는 곳에 그 얼굴을 곱게 드리우고 있었다. 한번 연을 맺어서인지 그 후로는 어렵지 않게 이곳저곳에서 얼굴을 대하게 되었다. 부생식물이라 빛이 없는 그늘지고 축축하고 썩은 낙엽이 많은 곳에 자리를 잡고 있다. 잎이 있긴 있다는데 녹색이 아니어서 어떤 것이 잎인지 잘 알 수 없다. 다른 꽃들처럼 꿀을 가지고 있지도 않아 벌 나비도 찾아오지 않고, 뿌리라고 해봐야 스스로 자생할 수 있는 능력이 없어 쉽게 이민도 갈 수 없다. 줄기부터 꽃가지 온통 황금빛으로 물든 모습은 너무나 화려하여 뭇사람들의 눈길과 호기심을 끌어 이사람 저사람 건드려대니 그 수난을 견디기 쉽지 않다.

그뿐이랴! 붉게 고추모양 물든 열매는 먹을 수도 없건만 호기심으로 장난삼아 뜯어내니 자식새끼 간수하기도 너무 벅차다. 그래도 그 자리에 가만 두면 행복하련만 건강이 제일이라, 몸에 좋다 돈이 된다 하여 뱀, 곰, 사슴, 바다사자 할 것 없이 싹쓸이 하는 마당에 꼼짝없이 제자리 지키게 놔 둘리 없다. 그래도 즐겁다고 방긋방긋 웃어대며 온 힘 다하여 치장을 하고 그늘지고 어두운 숲속을 내가 밝히겠다고 아름다운 모습으로 피어난다. 그 누가 어떻게 대하든 불평하지 않고, 모두가 더럽다고 가까이 하지 않는 썩은 냄새 가득한 그늘지고 어두운 곳에, 나라도 밝히겠다고 변하지 않는 아름다운 자태로 자신의 자리를 묵묵히 지키고 있다. 비록 세상은 어둡고 썩은 냄새로 가득하고 온갖 수난과 고달픔과 죽음까지도 가까이 있지만 그래도 자신으로 인해 기뻐하고 즐거워하고 반기는 사람이 있다면 그 자리를 지키겠노라고, 말하듯 자신에게 주어진 삶을 살아가는 으름난초와 같은 사람들이 있기에 이 세상은 아직 밝고, 살만하고 기쁨이 있다.

으름덩굴열매 : *Akebia qunata*

자주땅귀개

통발과
Utricularia yakusimensis Masam.

자주땅귀개는 습지에서 자라는 여러해살이 식충식물이다. 키는 약 8cm 정도로 성냥개비 정도이다. 땅속줄기는 실처럼 뻗으며 땅 근처에 벌레잡이주머니가 달린다. 줄기는 가늘고 길며 곧게 선다. 잎은 땅속줄기에서 나고 긴 달걀 모양이거나 주걱 모양으로 녹색이다.

이삭귀개 : *Utricularia racemosa*

꽃은 8~10월에 가늘고 긴 꽃줄기가 1개 곧게 서며 끝에 1~4개의 꽃이 차례로 연분홍색으로 핀다. 꽃의 끝이 입술 모양이다. 아랫입술 꽃잎은 달걀 모양이고 꿀주머니(거)는 밑으로 처지며, 윗입술 꽃잎은 꿀주머니보다 짧다.

자주땅귀개는 주변에 이삭귀개, 땅귀개와 함께 자란다. 땅귀개란 꽃줄기에 붙어있는 열매의 모양이 귀이개와 비슷하고 땅에 산다하여 붙여진 이름이다. 이삭귀개는 자주땅귀개와 꽃색이 비슷하지만 꽃의 크기가 조금 더 크고 턱처럼 생긴 꿀주머니가 앞으로 쭈욱 뻗어 입을 다문 오리처럼 보인다. 땅귀개는 자주땅귀개와 마찬가지로 꿀주머니가 아래로 내려와 입을 벌린 오리 입처럼 생겼지만 꽃색이 밝은 노란색이다. 세 종류 모두 크기가 매우 작아 카메라에 담으려면 눈도 아프고 더운 날씨에 땀도 좀 빼야한다. 세 종류 모두 식충식물이다. 보통 식물은 무기물을 이용하여 스스로 광합성을 하여 필요한 물질을 생산하

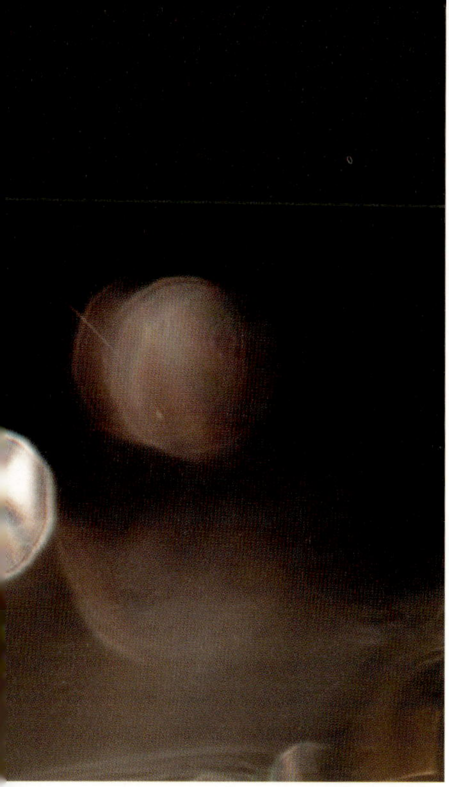

여 살아가며 동물은 이들이 생산한 유기물을 섭취하여 살아간다. 그러나 식물계의 이단아라고 불리는 식충식물은 필요로 하는 단백질의 일부를 곤충 등을 잡아 보충한다. 따라서 벌레를 잡는 기관과 잡은 곤충을 소화하는 기관을 가지고 있다. 식충식물은 키가 너무 작아 주위의 식물들과 경쟁이 어려워 습지나 척박한 토양이나 바위에 자리잡게 되었다. 그러한 곳에서는 땅으로부터 질소를 공급 받기가 어렵고 질소 공급이 안 되면 질소동화작용에 의한 단백질을 합성할 수가 없게 된다. 따라서 단백질 덩어리인 곤충 등 동물을 잡아서 질소 성분을 섭취하는 것이 식충식물이다. 식충식물의 포충 방식을 덫기작이라고 한다. 식충식물 덫기작에는 세분하면 포획형, 함정형, 흡입형, 끈끈이형, 유도형 등으로 분류된다. 파리지옥 등은 덫을 발산하는 포획형이며, 벌레잡이풀은 지상에 포충낭을 가지고 있는 함정형이다. 우리나라에 사는 통발이나 자주땅귀개, 땅귀개 이삭귀개 등은 수중에 포충낭을 가지고 있는 흡입형이다. 끈끈이귀개나 끈끈이주걱은 끈끈한 액을 분비하는 분비샘이 있어 곤충을 달라붙게 하는 끈끈이형이며 게늘리아속에 속하는 식물들은 뿌리 대신에 지하에 포충낭이 있어 미생물을 유도하는 유도형이다.

식충식물이 생태계의 먹이그물의 순환관계에 혼돈을 주고 있는 것처럼 보이지만 큰 틀에서 보면 식물이 가지고 있는 모든 특성을 가지고 있으며 부족한 질소원을 보충하는 기능만 더 가지고 있을 뿐으로 다른 초식동물이나 곤충들의 먹이가 되는 생태계의 순환에 아무런 영향을 미치지 못한다. 따라서 덫기작을 영화나 만화에서처럼 악마나 괴물로 보는 편견은 옳지 않다. 생태계 내에서 하나의 식물군으로서 그들 나름대로 생태계에 적응 하는 생존방식이며 생존 전략인 것이다.

땅귀개 : *Utricularia bifida*

전주물꼬리풀

꿀풀과
Dysophylla yatabeana Makino

전주물꼬리풀은 우리나라 남부지방의 습지에서 나는 여러해살이풀이다. 생육환경은 물이 많이 차지 않으며 고여 있는 곳, 햇볕이 많이 드는 곳에서 자란다. 키는 30~50㎝이고, 줄기는 밑부분이 옆으로 뻗으며 지하경이 발달하고 곧게 자라며 마디에만 털이 있다. 잎은 가늘고 길며 줄기를 중심으로 4장씩 돌아가며 달리고, 뒷면 맥 위에는 잔털이 있으며 가장자리는 밋밋하다. 꽃은 연한 자줏빛이 도는 홍색이고, 원줄기 끝에 달리고 꽃자루에는 퍼진 털이 있다. 열매는 11월경에 달걀 모양으로 달리며 흑갈색이다.

꼬리풀 : *Veronica linariifolia*

부산꼬리풀 : *Veronica pusanensis*

유사식물로 꼬리풀, 부산꼬리풀 등이 있다. 꼬리풀이라는 이름은 줄기 끝에 붙은 꽃이 길게 꼬리처럼 핀다고 하여 붙여진 이름이다. 물꼬리풀은 주로 습지에서 피며 전주물꼬리풀은 전주의 습지에서 처음 발견되어 붙여진 이름이다. 부산꼬리풀 역시 부산에서 발견되어 얻어진 이름이다. 지역명을 붙인 식물 중 전국어디서나 볼 수 있는 식물이 여러 종 있다. 그 중에서도 아직 추운 늦겨울 봄소식을 가장 먼저 전하는 변산바람꽃도 이제는 변산 뿐만 아니라 전국에 발견되고 있다. 전주물꼬리풀은 전주라는 이름이 무색하게 전주에서는 볼 수 없고 오로지 제주의 한 지역의 물두멍에서만 볼 수 있다. 이곳도 주위가 밭으로 개발과 더불어 습지를 정리한다는 미명아래 공사가 진행되고 있어 오히려 습지가 망쳐지고 있는 곳 중의 하나로 언제 사라져 버릴 지 마음이 조마

조마하다. 대부분의 꼬리풀 종류의 꽃색이 연보라색 계통이지만 전주물꼬리풀은 연한 홍색으로 해질 무렵의 햇빛에 반짝이는 꽃술을 보고 있노라면 황홀지경에 빠지지 않을 수 없다. 꼬리풀의 꽃말이 '달성' 이라고 한다. 꼬리풀은 무엇을 달성하였기에 이러한 꽃말이 붙은 걸까? 무척 행복한 꽃말인 것 같다.

우리는 참 여러 가지 목표를 정하고 그것을 달성하기 위해 노력을 한다. 어떤 때는 고통과 슬픔을 참기도 하고, 어떤 때는 모멸과 창피함을 참기도 하고, 어떤 때는 거짓과 오만으로 대하기도 하며, 목표를 달성하기 위해 오랜 시간을 살아온 것 같은데 무엇을 목표로 살았고 무엇을 달성했는지 자신에게 무척이나 부끄럽다. 전주물꼬리풀은 이제 자신의 살아갈 공간조차 모두 빼앗기고 자신의 종족은 보전이라는 미명아래 이곳저곳 식물원 또는 수목원이라는 곳으로 이민을 가고 언제 사라질지 모르는 조그만 물구덩이만 남은 초라한 신세인데 무엇을 달성했다는 것일까?

제비동자꽃

석죽과
Lychnis wilfordii (Regel) Maxim.

제비동자꽃은 강원도 대관령 이북 높은 지역에 공기 습도가 높고 반그늘인 지역에서 자라는 여러해살이 풀이다. 키는 50~80㎝이고, 잎은 피침형이며 마주나고 잎자루가 없으며 끝이 뾰족하다. 꽃은 7월에 원줄기 끝에 붉은색으로 뭉쳐서 핀다. 꽃잎은 앞부분이 길게 나와 끝이 제비꽁지처럼 깊숙이 갈라진다. 열매는 타원형이며 9~10월에 익는다.

강원도의 등산로 주변에 자생하며 색감이 강해 사람의 눈에 쉽게 뛰므로 사람의 손을 쉽게 탄다. 등산하며 예쁘다고 쉽게 꽃을 꺽어 버리고 만다. 또한 도로확장과 채취로 인해 개체수가 급감하고 있다.

산속 암자에 노스님과 동자승이 살고 있었는데 어느 날 노스님이 겨울나기 준비를 위해 동자승을 암자에 남겨두고 마을로 시주를 가게 되었다. 그런데, 갑자기 폭설이 내려 노스님은 도저히 암자로 돌아 갈 수 없게 되었고, 눈이 녹아서야 암자에 돌아 올 수 있었다. 그런데 어린 동자승이 겨우 내내 바위에 앉아 노스님을 기다리다 그대로 얼어 죽은 것을 발견하고, 노스님은 동자승을 바위 아래 양지바른 곳에 묻어 주었는데, 그해 여름 동자승이 묻힌 무덤가에 동자승의 얼굴을 닮은 붉으스레한 꽃들이 피어났고, 사람들은 이 꽃을 동자꽃이라고 부르게 되었다고 한다.

동자꽃을 보노라면 이 전설이 아니더라도 무언가를 '기다리는' 듯한 그러면서도 천진한 어린아이 같은 '귀여움' 을 느낄 수가 있다. 선자령의 습기가 많고 비옥한 반그늘 아래에서 진초록의 잎과 선홍색의 꽃이 어우러져 야생화의 아름다움의 진수를 보는 듯하다. 꽃이 예뻐 많은 손상을 받는 꽃이다. 또한 욕심이 과해 자기 집에서 보려고 채굴해 감으로 인해 점점 자생지가

파괴되고 있다. 거기에 아울러 울창해진 숲이 바람과 햇빛을 통하지 않게 하여 환경적인 변화에 적응하지 못해 개체수가 점점 줄어들고 있다.

한때 사찰문제로 정치권이 시끄러운적이 있다. 그 중에서도 동자꽃이라는 단어가 눈에 띈다. 민간인 사찰 피해자인 전 KB한마음 대표 김씨가 다음에서 쓰던 아이디인데 총리실이 김씨에 대한 사찰기록을 동자꽃으로 분류해 저장해놨다는 것이다. 요즈음 가끔 영화나 연극에서도 식물의 이름을 딴 프로그램들이 자주 등장하는 것을 볼 수 있다. 자신의 의지와는 관계없이 사람들의 입에 오르내리는 식물들의 기분은 어떠할까? 하긴 식물에게 감정이 있느냐고 반문할 사람도 있겠지만.

동자꽃 : *Lychnis cognata*

털동자꽃 : *Lychnis fulgens* Fisch. ex Spreng.

제비붓꽃

붓꽃과
Iris laevigata Fisch. ex Fisch. & C.A.Mey

제비붓꽃은 습지에서 자라는 여러해살이 풀이다. 뿌리줄기는 굵고 여러 갈래로 갈라지며 갈색 섬유로 덮여있다. 줄기는 곧게 서며 높이 60~120cm로서 윗부분에서 가지가 갈라지기도 한다. 잎은 질기며 칼 모양의 넓은 선형이고, 2줄로 배열하며 가운데 잎맥이 없다. 꽃은 5~6월에 피고 꽃줄기 끝에 짙은 자주색으로 보통 3개씩 달린다.

내화피는 곧게 서며 외화피는 끝이 뒤로 말리고 타원형이며 가운데는 황색을 띤다.

강원도의 습지에 자생하나 인근의 농경지로 농지확장과 비료, 농약 등으로 인해 급격히 개체수가 감소하고 있다.

꽃창포와 매우 비슷한 모습을 하고 있으나 꽃창포는 잎의 가운데 잎맥이 돌출되며, 내화피의 길이가 제비붓꽃은 암술길이보다 1.5배 정도 길지만 꽃창포는 암술길이와 같거나 약간 길다.

세상의 모든 꽃들이 아름다움을 가지고 있지만 그 중에서도 단정하고 고운 꽃을 들라면 제비붓꽃을 들 수 있다. 세상의 모든 꽃들이 모인 자리에서 그 아름다움에 찬양하기를 "오! 그대는 무지개의 나라에서 왔나 보군요"라고 했다지 않은가?

얼른 보아서 제비와는 별상관이 없어 보이는데 왜 제비붓꽃이라고 했을까? 제비붓꽃의 내화피가 위를 향해 서 있는 모습이 마치 제비처럼 날씬하다고 하여 붙여진 이름이다. 중국에서는 연자화라고 하는데 역시 제비연자를 써서 꽃모습이 제비와 같다는 뜻이다. 제비가 물위로 쏜살같이 내려와 물을 한 모금 마시고 다시 발로 물을 젖히며 올라가는 깔끔한 모습을 사람의 모양새에 비유하여 물찬 제비라고 한다. 실제로 새들 중에서도 맵시 있기로 으뜸으로 꼽는 것이 제비이다.

전라북도 남원의 민요에 동그랑땡이라는 동요가 전해져온다. 주로 잔치판이나 놀이판에서 흥을 돋구기 위하여 부른 노래로 "동그랑땡 동그랑땡/ 제비란 놈은 눈매가 고와 기생첩으로 돌리고, 동그랑땡 동그랑땡/ 황새란 놈은 다리가 길어 우편배달로 돌리고, 동그랑땡 동그랑땡/ 참새란 놈은 말을 잘해 생선장수로 돌리고..."라는 재미있는 민요처럼 제비붓꽃의 아름다움과 맵시가 고와 항상 곁에 두고 함께하고 싶은 모습의 꽃이다. 또한 함께하면 '행운이 온다' 니 어찌 마다할 것인가.

제주고사리삼

고사리삼과

Mankyua chejuense B.Y.Sun, M.H.Kim & C.H.Kim

제주고사리삼의 크기는 5~10㎝이며, 잎이 3개이지만 5개로 보이기도 하며 그 가운데에 포자주머니가 달린다. 영양 소엽과 생식 소엽으로 나뉘는데, 영양 소엽은 세부분으로 나뉘고 다시 각 부분은 두 부분으로 나뉜다. 영양 소엽 사이에서 생식 소엽이 위로 솟아 포자낭이 달린다. 포자낭은 두툼한 조직에 묻혀 2줄로 배열되고, 포자는 구형이다. 뿌리와 줄기가 땅속으로 기어 들어가며 영양 번식에 의해 증식이 가능하다.

고사리삼이라는 이름은 동언고략東言攷略에는 곡사리曲絲里 즉 새순이 나올 때 줄기가 말린 과실같이 하얀 것이 식물체에 붙어 있는 것을 고사리라고 하였으며, '곡사리' 라는 이름의 곡에서 'ㄱ'이 탈락되어 고사리로 된 것이다. 또한 삼은 뿌리가 삼처럼 굵기 때문에 붙여진 이름이다. 유사식물인 고사리삼은 굵은 뿌리를 가지고 있으며 본초도경本初圖經에서는 음지궐陰地蕨이라 하여 종독腫毒, 풍열風熱을 치료하는데 사용한다고 한다.

제주고사리삼은 세계적으로 1속 1종으로 우리나라 제주도 곶자왈의 습지에서만 산다. 주로 열대지역에 분포하는 양치식물들에 있어서 새로운 속의 발견 자체가 미스터리일 정도이다. 생육환경이 까다로워 여름에는 나무가 우거져 그늘지고 겨울에는 빛이 잘 드는 습지이어야 한다. 근친교배로 인한 유전적 다양성이 매우 낮아 환경변화에 매우 민감하며, 제주에 급격히 늘어난 골프장의 건설과 참느릅나무 등의 벌목으로 인한 환경적 변화, 호기심이나 연구를 핑계로 한 채취 등으로 인해 급격히 개체수가 감소하고 자생지가 많이 파괴되었다. 본인이 관찰한 곳도 골프장안의 습지로 골프장 요원들과 한참을 실갱이를 하기도 하였다. 골프장으로써는 환경론자들의 간섭으로 골치가 아픈 처지에 또 시끄러워질까봐 출입을 통제하고 있었다. 식물체의 형태도 볼품없고 크기도 작으며 꽃이랄 것도 없는 포자로 증식하기 때문에 상품성가치도 없지만, 세계에서 유일무이한 자생지요 식물이기 때문에 관심의 대상이 높아 오히려 위험에 처하였다고 볼 수 있다. 고사리삼과의 식물은 6천만년 전에 살았던 식물인데 250만년 전에 화산활동으로 생긴 제주도에 서식한다는 것 자체가 미스터리이다. 요즈음 모든 생물의 다양성을 설명할 때 진화라고 하는 이론으로만 설명한다. 많은 사람들이 즐겨보는 동물의 왕국에서도 해설자는 모든 상황을 진화에 의해서 이루어졌다고 설명을 하고 듣는 사람들은 그런가보다 하고 조금도 의심하지 않는다. 그러나 조금만 주의해서 들으면 실재로는 많은 부분에서 도약이 심함을 알 수 있다. 고사리삼이나 제주고사리삼도 진화라고 하는 이론으로는 설명하기 힘든 생물종 중의 하나이다. 6천만년 전에 살았던 고사리삼이 지구상의 다른 모든 곳에서는 250만 년 전 이전에 모두 멸종하였는데, 왜 오로지 250만년 전에 생성된 제주도에만 살아 남아있는가? 그 해답을 어디에서 찾아야 할까?

제주고사리삼은 세계자연보호연맹의 멸종위기식물 평가기준(IUCN)에 따르면 멸종(EW)의 바로 전단계인 극심멸종위기종(CR)에 속한다. 제주에서 사라지면 지구상에서 영원히 멸종되는 것이다. 어떠한 모습이든 그 모습 그대로 존재의 가치가 있으며 이름이 불리워질 권리, 그리고 불러줄 의무가 누구에게나 무슨 식물에게나 있다. 나는 제주고사리삼이 땅에서 영원히 불리어지길 소원한다.

고사리삼 : *Sceptridium ternatum*

고사리 : *Pteridium aquilinum* var. *latiusculum*

조름나물

용담과
Menyanthes trifoliata L.

조름나물은 연못이나 늪에서 자라는 여러해살이풀이다. 굵은 뿌리줄기가 옆으로 뻗으며 끝에서 잎자루가 긴 세 장의 작은 잎이 나온 잎이 5~6개씩 나온다. 키는 25cm정도이다. 작은 잎은 긴 타원형 달걀 모양의 타원형으로 잎자루가 없고 가장자리에 둔한 톱니가 있거나 밋밋하다. 꽃은 7~8월에 피고 백색이며 꽃줄기 끝에 차례로 핀다. 꽃받침은 짧고 5개로 갈라지며 꽃잎은 깔때기같이 생기고 갈래조각 안쪽에 긴 털이 밀생하고, 수술과 암술의 길이는 포기에 따라 다르다. 우리나라에서는 대관령과 울진, 대암산 용늪에서만 볼 수 있는 것으로 되어 있으나 대관령과 울산은 개발로 이미 사라졌고, 용늪은 이유를 잘 모르지만 꽃을 보기 어렵다. 다행히 강원도의 모 지역에서 아직 자생하고 있는데 이곳도 위태위태하다. 농경지 지역이라 농경지가 조금씩 확장되고 또 비료와 농약등, 그리고 무분별한 채취로 인해 개체수가 급감하고 있다.

근경은 비상식량으로 이용되기도 하였다. 피를 맑게 하는 강장제로 이용되며 약간의 마약성이 있는 것으로 알려져 있다.

속명의 Menyanthes는 그리스어 'menyein(표현하다)' 과 'anthos(꽃)' 의 합성어로, 꽃이 서서히 퍼진다는 뜻이다.

시경의 관저(물수리)에

관관저구關關雎鳩 **재하지주**在河之洲 **요조숙녀**窈窕淑女 **군자호구**君子好逑
참치행채參差荇菜 **좌우류지**左右流之 **요주숙녀**窈窕淑女 **오매구지**寤寐求之
구지불득求之不得 **오매사복**寤寐思服 **유재유재**悠哉悠哉 **전전반측**輾轉反側
참치행체參差荇菜 **좌우채지**左右采之 **요조숙녀**窈窕淑女 **금술우지**琴瑟友之
참치행채參差荇菜 **좌우모지**左右芼之 **요조숙녀**窈窕淑女 **종고락지**鍾鼓樂之

황하강변의 물수리는 꾸욱꾸욱 울어대는데 군자는 아름답고 기품있는 아가씨를 그리워 하네.
올망졸망한 조름나물을 이리저리 헤쳐 뜯노라니 아름다운 아가씨 자나 깨나 그리워 하네.
그리워도 얻지 못해 자나깨나 님 생각이니 그리움은 끝이 없어 밤새도록 이리저리 뒤척인다.

올망졸망한 조름나물을 왼쪽 오른쪽 해치며 뜯노라니 아름다운 아가씨와 금슬을 쌓고 싶네.
올망졸망한 조름나물을 여기저기서 뜯노라니 아름다운 아가씨와 풍악을 울리며 즐기고 싶네.

조름나물을 찾아 뜯으면서도 그리는 아가씨를 생각하는 마음을 나타낸 시이다. 왜 아가씨를 생각하면서 조름나물을 뜯는지 잘 모르겠지만 형편이 어려운 시절 구황식물로써 이용되었던 조름나물은 북쪽지방에서는 그만큼 흔했던 식물이었던 것 같다. 자나 깨나 잊지 못할 때 오매불망寤寐不忘이라는 단어가 자주 쓰이지만 개인적으로는 오매사복寤寐思服이라는 단어가 더 마음에 든다. 전라도 사투리인 워매~도 오매에서 온 것이 아닐까 생각해 본다. 워매~ 어쩔기여 조름나물이 다 사라져 버린당께...

유사 식물로 어리연꽃을 들 수 있다. 어리연꽃은 조름나물과 꽃은 비슷하나 잎의 모양이 수련처럼 넓적하고 물위에 퍼져 있으며 꽃대가 잎겨드랑이에서 나온다.

어리연꽃 : *Nymphoides indica*

죽절초

홀아비꽃대과
Sarcandra glabra (Thunb.) Nakai

죽절초는 늘푸른 작은키 나무로 높이가 1m에 달하고 줄기에는 대나무와 같은 마디가 두드러지며 풀과 같이 부드럽기 때문에 죽절초라 한다. 잎은 어긋나며 가죽처럼 질기며 긴 타원형 또는 넓은 피침형으로 가장자리에 날카롭고 굵은 톱니가 드문드문 난다. 표면에는 광택이 있다. 꽃은 6~7월에 가지 끝에 달리며 연한 황록색이다. 꽃은 양성화로 꽃잎도 꽃받침도 없으며 수술과 암술이 1개씩 있다. 열매는 11~12월에 붉은색으로 결실하며 둥글고 5~6개 에서 10여 개가 모여 달리고 붉게 익는다. 겨울에도 열매가 달려 있어 푸른 잎과 잘 어울려 크리스마스나 정초에 장식용으로 많이 사용한다.

연말이면 사랑의 열매를 가슴에 단 분들을 자주 보게 된다. 주로 기관장들이지만, 오히려 보이지 않는 사랑의 열매를 다신 분들이 더 많기에 가지는 것보다 나눔을 더 행복해 하는 사람들이 많기에 그래도 이 나라가 축복받은 나라라고 생각한다. 사랑의 열매의 세 개의 열매는 나, 가족, 이웃을, 빨간색은 사랑의 마음을, 한 가지에 붙어있는 것은 더불어 함께하는 사회를 이루자는 뜻이다. 세 개의붉은 열매를 보면 어떤 나무의 열매일까 궁금증이 든다. 사랑의 열매는 야산에 자생하는 산열매를 형상화 한 것으로 가을이면 빨간 열매를 맺는 나무가 여러 종류여서 딱히 이 나무라고 하기에는 어렵다. 백당나무나 산호수를 사랑의 열매라고 하기도 하나 백당나무는 2월에 불게 물들며, 산호수나 자금우의 열매일거라고도 하지만 내가 보기엔 죽절초의 열매가 바로 '사랑의 열매' 와 똑같이 생겼다. 11월부터 겨울 내내 붉고 동그란 열매가 쌀쌀하고 삭막한 겨울을 이겨내고 달려있다. 사람의 '부귀' 는 돈의 많고 적음에 있는 것이 아니라 힘들고 어려운 사람을 긍휼이 여기고 '가련' 히 여기며 그 생명의 '가치' 를 '천금보다 귀하게 여기는' 사람이 부귀한 사람일 것이다. 이제는 증식방법이 잘 개발되어 자연에서 채취하지 않더라도 수요를 감당할 수 있을 정도로 공급이 가능하다. 사시사철 푸른 나무로 정원수나 겨울의 성탄나무로도 인기가 있다. 가능하면 집집마다 이 나무를 심어 한그루씩 가꾸면서 이웃과의 나눔과 소통을 생각하며 사랑의 열매를 가득 맺혔으면 하는 마음 간절하다.

백량금 : *Ardisia crenata*

자금우 : *Ardisia japonica*

지네발란

난초과
Cleisostoma scolopendrifolius (Makino) Garay

지네발란은 햇빛이 잘 드는 바위나 나무줄기에 붙어사는 여러해살이 풀이다. 길이 약 20cm로 가늘고 길며 단단하다. 기는줄기로서 가지를 드문드문 내고 이곳저곳에서 굵은 뿌리를 낸다. 잎은 2줄로 어긋나며 가죽 같은 질감을 갖는다. 꽃은 7~8월에 연한 붉은빛으로 피는데, 꽃대 끝에 1개가 달린다. 꽃잎은 꽃받침과 비슷하지만 약간 짧고 옆으로 퍼진다. 열매는 곤봉모양으로 8월에 익는다.

지네의 발을 닮았다하여 지네발란 또는 지네난초라고도 한다. 1993년 천연기념물 제376호로 지정된 산방산의 험한 암벽에 지네발란, 풍란, 석곡 등이 자란다. 이외에도 남해안의 바닷가 부근의 암벽에서 발견되어지고 있다. 식물체의 모양도 귀엽지 않고 꽃의 크기도 작지만 희귀성 때문에 채굴자들에 의해 남벌되어 점점 보기 어려워지고 있다.

유사식물로 거미란을 들 수 있다. 이미 우리나라에서는 멸종된 것으로 보이며 일본에는 같은 종이 분포하고 있다고 한다. 거미란은 뿌리만 있고 잎은 없으며 뿌리가 잎 대신 광합성작용을 하여 살아간다.

지네하면 웬지 우선 몸부터 움츠려든다. 15쌍에서 많게는 170쌍의 다리를 가진 녀석까지 있다니 두 개의 다리를 가진 사람의 입장에서는 이질감을 느낄 수밖에 없을 것 같다. 마디마다 한 쌍의 다리를 갖는다고 한다. 거꾸로 다리가 없는 뱀도 친근해지기 어렵기는

마찬가지다. 지네는 독이 있어 사람을 물기도 하지만 독성이 약해 시간이 지나면 괜찮아진다고 한다. 신농본초경에는 머리와 다리가 붉은 지네가 좋은 상품이라고 기록하고 있으며 한약재상에서 대나무에 머리와 꼬리를 잡아매어 한약재로 파는 모습도 어렵지 않게 볼 수 있다. 어린 시절에 읽은 두꺼비와 지네의 이야기도 지네를 기분 나쁜 녀석으로 취급하는 데 일조를 했을 것 같다. 여우와 지네의 이야기도 있다. 여우가 지네의 걸음걸이가 우스꽝스러워 골려먹기로 작정을 하고, 지네야, 발이 그렇게 많은데 어떻게 엉키지 않고 잘 걷니? 어느 발부터 움직이는 거야? 하고 물었다. 지네는 그 질문에 답을 하려고 발을 보면서 순서를 얘기하려는 순간 발이 엉키기 시작했다. 잘 해보려고 하면 할수록 더 엉켰다. 다른 사람의 잘나감과 자연스러움을 혼란스럽게 만드는 잔 꽤를 부리는 여우나, 다른 사람의 간섭에 자신을 믿지 못하고 스스로 자연스러움과 자신감을 잃어버린 지네에게서 우리 자신의 모습을 보는듯하다. 비록 모습은 지네발처럼 못생기고 혼란스러워 보이지만 그런 자신을 엉키지 않고 잘 가꾸어 참으로 앙증맞고 귀여운 꽃을 피우는 지네발란에서 삶의 지혜를 배워 본다.

진노랑상사화

수선화과
Lycoris chinensis var. *sinuolata* K.H.Tae & S.C.Ko

진노랑상사화는 우리나라에만 있는 여러해살이 풀이다. 비늘줄기를 가지며 꽃이 필 때에는 잎이 없고 잎이 필 때에는 꽃이 없다. 잎은 봄철에 비늘줄기에서 총생한다. 8월에 꽃줄기가 나와 높이 60㎝정도 자라고 황색의 꽃이 5-10개 달린다. 꽃의 길이는 8cm, 꽃잎이 깊게 패이고 부채살같이 펼쳐지며 가장자리에 주름이 진다. 수술은 6개이며 암술은 1개로 수술대보다 약간 더 길며 열매는 맺히지 않는다. 비늘줄기는 그냥 먹으면 독이 된다.

잎은 꽃을 보지 못하고 꽃은 잎을 보지 못하는 안타까움에 상사화란 이름으로 부르게 되었다. 속세를 떠난 스님이 한 여인을 사랑하였으나 스님이라는 신분 때문에 이루어질 수 없는 안타까움을 달레기 위해 절 마당에 풀을 심었다. 이 풀은 묘하게도 잎이 있을 때는 꽃을 피우지 않고 잎이 말라죽으면 꽃을 피울 뿐만 아니라 열매를 맺지 못하는 것이었다. 스님은 이 꽃이 자신의 안타까운 마음을 나타내는 것 같아 꽃의 이름을 상사화라고 하였다는 전설이 전해져온다. 영광 불갑사나 장성 백양사 등 절이 있는 곳에서 진노랑상사화를 중심으로 하는 상사화 종류가 유난히 많이 보이고 요즈음엔 대대적으로 가꾸어 많은 사람들이 절과 친근하도록 하고 있는 것을 볼 수 있다. 그러나 전부터 절에 상사화를 심은 이유는 이 꽃에 얽힌 전설 때문이 아니다. 또 많은 관광객들을 끌어들여 절의 수입을 올리기 위한 이유도 있겠지만 그건 부수적인

결과이다. 실제적으로는 상사화에서 나오는 전분으로 풀을 쑤어 그 풀로 절에서 만드는 탱화나 고승들의 영정을 만들었기 때문이라고 한다. 또한 비구든 비구니든 각자 색(色)이 있기는 하나 서로 만나서는 안 된다는 뜻도 있다. 전에는 집주위에는 심지 않았다. 이유는 잎과 꽃이 만나지 못하는 것을 좋게 생각하지 않았을 뿐만 아니라 우환이 생길까봐 집안으로는 이 꽃을 심지도 들이지도 않았다.

상사화의 이러한 성질은 사실은 삶의 지혜요 전략인 것이다. 늦은 가을 세상의 모든 녹음이 울긋불긋 그 아름다움을 자랑하고 그것들 마져 찬바람에 떨어져 대지에 나딩굴 때즈음에 비로소 파란 잎의 얼굴을 대지에 살그머니 내어 놓는다. 줄기가 없이 잎만을 가지고 있는 상사화는 모든 만물들이 경쟁을 하는 여름에는 그 그늘에 가려 충분한 광합성을 할 수가 없다. 그러나 모든 나무들의 잎이 다 떨어진 한 겨울에는 마음껏 빛을 독차지 하여 광합성을 할 수가 있어 마음껏 빛을 즐길 수가 있는 것이다. 그리고 다시 나무들이 잎을 생산하고 빛을 가지고 경쟁을 하기 시작할 즈음이면 언제 그랬느냐는 듯이 잎은 슬그머니 사라져버려 여름내내 흔적도 없다가 초가을 꽃대를 내밀어 꽃을 피우고는 또다시 흔적도 없이 사라져 버린다.

상사화의 염색체는 3배체(3n)이다. 식물이 종자를 얻기 위해서는 꽃가루의 정핵(n)과 씨방의 알세포(n)가 결합하여 수정란(2n)을 만들어야 한다. 3배체인 식물은 정상적인 수정이 이루어지지 않으므로 씨앗을 맺지 못한다. 씨 없는 수박은 인위적으로 만든 3배체로 씨가 만들어지지 못한다. 씨를 만들지 못하는 상사화 종류는 덩이뿌리에 의한 무성번식에 의해서만 자손을 만들 수 가 있다. 따라서 중국이나 한국 일본에 피어나는 모든 상사화 종류는 유전자가 동일할 것으로 생각하고 있다. 감자나 파 마늘처럼 무성번식에 의한 식물들은 환경에 대한 유전적 적응력이 약하여 사람의 손이 아니면 그 영역을 확장하기가 어렵다. 상사화 종류도 마찬가지로 그 영역의 확장에는 사람의 힘을 빌렸을 것으로 보여 진다. 첫째는 식량이 부족하던 시절에 뿌리에서 나오는 전분을 구황작물로 이용하기 위하여 사람들이 이곳저곳에 덩이뿌리를 심어 세력이 확장되었을 것이다. 둘째는 논밭의 둑에 많이 심었는데 그 이유는 상사화는 뿌리를 깊이 뻗기 위하여 수축하면서 구근을 서로 잡아당기는 성질을 가지고 있다. 따라서 이 성질이 논밭의 둑이 무너져 내리지 않도록 하였기 때문으로 생각된다. 셋째는 상사화 종류의 뿌리에서 분

초봄의 석산 잎

비하는 물질은 알레오파시라는 기능을 갖는데 이는 다른 식물의 생장을 억제하는 것을 말한다. 즉 상사화의 주변에는 다른 잡초들의 생육이 억제시켜 논 밭의 잡풀이 무성해 지는 것을 막게 하였을 것이다. 또한 꽃이 예뻐 관상용으로 증식함으로써 그 영역이 확장되었다. 요즈음엔 먹기 위하여 손을 대지는 않지만 꽃 색이 이 튀어나고 꽃모양도 특이하다 보니 눈에 쉽게 띠어 호기심에 또는 집에 심기 위해 채취한다고 한다.

진노랑상사화의 자생지는 그늘지고 습한 곳일 뿐만 아니라 계곡과 가까워 수해나 산사태 등으로 인해 자생지가 많이 파괴되고 있다. 또한 산돼지들의 급증으로 겨울이면 먹을 것이 부족해 산으로부터 내려와 자생지를 마구 파헤쳐 그나마도 남아있던 진노랑상사화의 자생지가 거의 괴멸지경에 이르기도 하였다. 그렇다고 산돼지들을 사살할 수도 없어 접근을 막기 위한 철책 등의 대책을 세우고 있다. 자생지를 보호하기 위해서는 이러한 방법도 중요하지만, 그와 아울러 꽃이 사람들의 눈을 끌 정도로 곱고 예쁘므로 덩이뿌리를 대량으로 증식시켜 이곳저곳에 많이 심어 사람들이 자생지를 넘보지 않도록 하는 것이 중요해 보인다.

석산 : *Lycoris radiata*

상사화 : *Lycoris squanigera*

꽃말이 '이별' 이라는데, 서로 만나고 싶어도 만날 수 없는 얘기하는 듯하다. 이제야 겨우 어머님의 사랑을 깨닫게 되었는데, 어머님은 이미 세상에 계시지 않는다. 세상에 계실 때에는 그 사랑을 알지 못하다가 보고 싶어도 볼 수 없게 되니 더욱 그리워진다. 상사화 꽃이 필 무렵이면 더욱 돌아가신 어머님이 보고 싶어진다.

차걸이란

난초과
Oberonia japonica (Maxim.) Makino

차걸이란은 숲 속의 큰 나무에 붙어서 밑을 향해 자라는 여러해살이 착생란이다. 크고 작은 여러 개체가 함께 붙어 포기를 이룬다. 잎은 4~10개가 2줄로 배열하고 약간 두꺼우며 빽빽하게 붙어 모여 나며 밑 부분이 줄기를 감싼다. 꽃은 4~6월에 줄기 끝에 담황갈색의 꽃이 달리며 꽃차례는 길이가 2~8cm이며 밑으로 처진다. 꽃의 크기가 매우 작아 관상 가치는 별로 없어 보이지만 확대해보면 꽃의 아름다움을 모두 가지고 있다.

차걸이란 이름은 꽃의 형태가 자동차의 손잡이를 연상시키는데서 유래하였다(김수남 등 2007)고 한다. 일본에서는 영락란瓔珞蘭이라고 한다. 영락이란 고대인도의 귀족이 사용하던 목장신구로 진주나 옥 등을 줄에 꿰어 목에 걸었다. 또한 불상 특히 보살상의 목과 팔목, 귀와 발목에 둘러 장식하는 일종의 장식품을 말한다. IUCN(세계자연보전연맹) 지정 멸종위기종(CR)으로 자생지의 보전 및 유전자원으로써의 보전이 절대적으로 필요한 야생란이다. 한국, 중국, 일본 등지에 분포하며 우리나라에는 차걸이란 1종만 분포하지만 중국에는 30여종이 분포한다고 한다.

비자나무나 단풍나무에 붙어살며 제주의 비자림이 유일한 자생지이다. 철저히 보호하는 이곳도 사람의 손길이 닿아 이제 사람의 손이 닿지 않는 높은 곳에만 분포한다. 콩짜개덩굴과 경쟁관계인 것으로 보여 진다.

우리는 흔히 경쟁하면 한쪽이 다른 한쪽을 지배하여 없애버리고 자기가 모든 것을 차지하여야만 하는 것으로 생각한다. 초등학생들도 자기 옆에 앉아있는 짝이 친구가 아닌 이겨야만

하는 경쟁자로 생각하게 만드는 것이 지금의 우리의 현실이다. 콩 한 알도 쪼개어 나누어 먹는 다는 얘기는 옛 전설이 된지 오래이다. 뺏고 뺏기는 악순환 속에서 우리의 아이들은 어떻게 스스로 자신을 어떻게 지켜나가야 할지 모르는 상황에 이르렀다. 그러다 보니 하나부터 열까지 모든 것을 엄마에게 물어가며 결정을 해야 하는 나약한 존재가 되고 있다.

경쟁이 아이들을 강하게 만든 것이 아니라 오히려 나약하게 만드는 우스운 결과를 초래한 것이다. 이런 아이들이 성장 하여 경쟁 상대를 이길 수 없을 때 편법을 사용하게 된다. 그러면서도 그것이 정당한 것인지 거짓인지, 편법인지, 꼼수인지 조차도 구분하지 못하는 어리석은 인간이 되고 만다. 꼼수를 비판한다고 또 다른 꼼수를 만드는 세상이 되는 것이다. 경쟁은 서로가 함께 살아가기 위한 것이어야 한다. 차걸이란과 콩짜개 덩굴은 같은 공간에서 서로를 이기기 위하여 경쟁을 하는 것이 아니라 함께 살아가기 위하여 경쟁하는 것이다. 식물들의 경쟁은 어떻게 보면 인간의 경쟁보다도 더 치열하다. 숲에 들어가 나무 가지를 유심히 살펴보면 모두가 어떻게 해서든 빛을 더 잘 받기 위해 그리고 신선한 공기가 더 잘 통하게 하기 위해 이리저리 가지를 뻗고 있는 것을 볼 수 있다. 잎들도 하나의 잎도 포개져있지 않고 서로 어긋나면서 최대한 빛을 받는다. 빛을 받지 못할 때 그 잎이나 가지는 그 몸체로부터 제거시킨다. 그런가 하면 도저히 빛을 받는 것이 불가능하다고 생각할 때는 그 사는 시기를 달리하여 살아간다.

이른 봄 아직 다른 초목이 돋아나지 않을 때 복수초나 바람꽃 등은 잎을 피우고 꽃을 피워 종자를 맺혀 숲이 우거질 때쯤이면 흔적도 없이 사라진다. 남덕유산을 7월말에 오르다 보면 말나리들이 어두운 숲 속에 피어있는 것을 볼 수 있다. 어떻게 빛이 없는데 살아가나 잘 살펴보면 나뭇가지 틈새로 들어오는 빛을 받기 위해 잎들이 줄기를 빙 둘러싸고 있는 것을 볼 수 있다. 그런가 하면 동강할미꽃이나 바위솔처럼 아예 다른 식물들이 살지 못하는 곳에 자리를 잡아 살기도 한다. 다른 존재와 무한 경쟁을 하는 것이 아니라 자기 자신을 꾸준히 변화시키면서 조화를 이루어 가는 경쟁을 하는 것이다. 반드시 상대방을 제거하거나 눌러야만 승리라고 생각하는 인간의 경쟁, 항상 기준이 자신이 아니라 타인이 되어 승리감과 성취감을 얻으려는 불편한 경쟁은 인간만이 가지고 있는 경쟁이다. 자연에 있어서 경쟁은 항상 자신을 변화시키고 변화해 가는 과정인 것이지 타자를 누르고 제거하려는 것이 결코 아니다. 자연에서 도태되어지는 생물들은 다른 경쟁자에게 짓눌려서가 아니라 자신의 변화가 부족해서 이다. 나의 부족한 부분을 채워가고 잘못된 부분을 고쳐가며 자신을 풍요롭게 하는 그러한 경쟁을 자연 속에서 보며 보고 배웠으면 하는 마음 간절하다.

관음보살(국립중앙박물관 소장)

초령목

목련과
Michelia compressa (Maxim.) Sarg.

초령목은 일본 원산으로 알려졌으나 제주도 난대식물연구소와 서귀포시 남원읍 하천변 등 단 2그루가 한국에 자생하는 것으로 알려 졌다. 우리나라에 자생하는 목련 중 유일하게 사철 푸른나무로 꽃이 가장 일찍 피는 종이다. 높이 15~20m에 달하며 잎은 어긋나고 두꺼우며 표면은 짙은 녹색으로 광택이 있으며 가장자리가 밋밋하다. 꽃은 3～4월에 잎겨드랑이에서 1개씩 흰색으로 피며 꽃 아래 쪽은 붉은색을 띤다. 꽃받침과 꽃잎은 6개씩이고 수술과 암술은 많으며, 꽃턱 아래 쪽에 수술, 위쪽에 줄 모양의 암술이 달린다. 열매는 길이 5~10cm이고 주머니 같은 열매 속에 들어 있는 2개의 종자는 실에 매달린 것처럼 보인다. 초령목이란 이 나무의 가지를 불상 앞에 꽂는 풍습이 있어, 죽은 영혼을 불러낸다는 의미에서 붙여졌다고 한다. 일본에서는 절이나 신사 주위에 많이 심는다. 귀신나무라고도하며 백련화라고도 부른다.

신안군 흑산면 진리에 수령이 150년에서 300년으로 추정되는 초령목이 1992년 천연기념물 제369호로 지정되었으나 고사하여 2001년 해제하였다. 진리의 초령목의 자생지는 약간 경사면에 위치하는데 그곳에 안내판을 설치하고 자연교육이라는 이유로 많은 사람들이 찾음으로써 스트레스를 받았고, 거기에다 보전을 잘한

다고 축대를 쌓고 뿌리를 두꺼운 흙으로 덮음을 말미암아 뿌리가 호흡이 곤란해져 세력이 약해지자 병들이 침입하여 결국에는 고사하고 말았다고 보여 진다. 사람이 자연생태계를 잘 알지 못하는 이유로 인하여 더 오래 살 수 있었던 귀한 나무가 죽게 된 것이다. 다행이 그 주변에서 어린 초령목들이 다수 발견되어 신안군에서 보호를 위한 여러 가지 조치를 한다는 소식이 들려온다. 요즈음도 국립공원에 가면 많은 사람들이 산행을 하기 때문에 숲을 해친다고 하여 계곡을 메워 길을 넓히는 공사를 하는 곳들을 볼 수 가 있다. 참으로 안타까운 것은 그로 말미암아 계곡의 수많은 식물들이 굉음과 함께 순식간에 사라져 버린다고 하는 것이다. 사람의 피해를 막기 위해서 하는 공사가 오히려 수 십 년간 수많은 사람이 주는 피해보다도 더 큰 피해를 순식간에 주는 것이다. 한편에서는 나무 가지 하나, 풀 한 포기도 보호한다고 수다를 떨면서, 또 한편에선 인간의 편의를 위해 순식간에 자연을 망가뜨리고 만다.

초령목은 종자를 잘 맺힘에도 불구하고 발아가 잘되지 않아 종자번식이 어렵다. 또한 삽목을 하더라도 발근이 잘되지 않아 증식이 어렵다고 한다. 신안군에서 삽목에 의한 대량증식을 성공하였다는 보도가 조금이나마 위안을 준다.

피고초령목 : *Michelia figo*

층층둥굴레

백합과
Polygonatum stenophyllum Maxim.

층층둥굴레는 들과 강가의 모래땅에 나는 여러해살이 풀이다. 줄기는 40~90cm로 똑바로 서며, 땅속줄기는 길고 마디가 있으며 옆으로 뻗는다. 잎은 3~6개가 층을 이루어 돌려나며 끝이 뾰쪽하고 말리지 않는다. 꽃은 6월에 흰색 또는 연한 황색으로 잎겨드랑이에 다닥다닥 돌려나며 꽃자루가 5mm 정도로 짧다. 층층갈고리둥굴레는 잎 끝이 갈고리처럼 말리며 꽃자루가 길며 하나의 꽃자루에 꽃이 2~3송이씩 달린다.

층층갈고리둥굴레는 주로 북쪽에 자생하며 남쪽에는 자생하지 않고 황정이라는 약재로 주로 재배한다. 강원도 지역에서 발견되어지기도 하나 재배하던 것이 퍼진 것으로 보고 있다. 요즈음에는 음료로써도 인기가 높아 산이나 들에 피어난 둥굴레들이 마구 채취를 당해 고역을 겪고 있다. 동의보감에는 황정을 오래먹으면 몸이 가벼워지고 얼굴빛이 좋아지며 늙지 않고 배고픈 줄도 모른다고 쓰여 있다. 신농본초경에서도 황정을 상약으로 취급한다. 상약이란 음식물처럼 매일 먹더라도 인체에 해가 없는 것을 말한다. 동의보감에는 황정을 죽대 뿌리라고 하였다. 북한에서는 옥죽이라고 하며 역시 죽대를 사용한다. 중국에서는 층층갈고리둥굴레를 사용하고 있다. 쉽게 말해 황정이란 둥굴레의 뿌리를 말하는데 둥굴레의 종류가 많고 그 변이도 많아 어떠한 종을 이르는지는 알기가 어렵다. 둥굴레, 왕둥굴레. 산둥굴레, 퉁둥굴레, 용둥굴레, 층층둥굴레, 층층갈고리둥굴레, 죽대, 각시둥굴레, 목포둥굴레 등 수십 종에 달한다. 비슷하여 비슷한 효과를 낸다고도 볼 수 있지만 다른 한편으로는 전혀 다른 성질을 가지고 있다고도 할 수 있다. 예를 들면 우리나라에서는 당귀를 좋은 한약재라고 하지만 일본에서는 당귀를 사용하지 않고 일당귀를 사용한다. 동의보감에서 얘기하는 황정이 죽대인지 아니면 다른 둥굴레 종류인지를 분명히 확인하여야할 필요가 있지만 지금으로써는 어떠한 종인지 확인할 방법이 없다. 황정뿐만이 아니라 많은 한약명들이 유사식물들이 많아 어떤 한약명이 정확히 어떠한 식물인지를 규명해야할 작업이 한의학의 중요한 과제라 할 수 있다.

층층둥굴레잎

층층갈고리둥굴레 : *Polygonatum sibiricum*

층층갈고리둥굴레잎

4대강 사업이 진행되면서 이곳저곳에서 멸종위기식물의 보호와 보전에 대한 이견들이

표출되었다. 단양쑥부쟁이와 마찬가지로 층층둥굴레도 대체 서식지 문제로 시끄러웠다. 충북에서는 남한강변에서 발견된 층층둥굴레의 대체 서식지가 부실하다고 시공자를 문책하라는 환경단체의 목소리가 요란스러웠다. 층층둥굴레의 서식지도 주로 강변의 모래사장이기 때문에 4대강사업으로 인해 서식지가 파괴되고 대체지로 옮겨지는 수난을 겪더니, 결국에는 개체수가 많다는 이유로 환경부 지정 2012년 멸종위기 보호종으로부터 해제될 위기까지 갔었다. 겨우 이로부터 벗어나긴 했지만 언제 또다시 해제의 대상이 될지 알수 없다.

층층둥굴레를 보면 시아버지, 시어머니, 시동생, 시누이 등 층층시야에, 그러면서도 줄줄이 고구마 마냥 엮어 있는 자식들을 가진 우리의 어머니가 생각난다. 혼자서 그 많은 짐을 어찌 다 감당하고 살았는지. 마치 층층둥굴레의 꽃망울처럼 올망졸망 움츠리지도 못하고 살았기에 어찌 그 마음속에 불만이 없으며 불평이 없었겠냐만 그래도 꽃이 보여주는 모습처럼 항상 여유로운 웃음을 잃지 않고 향기를 품어내며 지금까지의 삶에 감사하던 여인. 이제는 거동조차 할 수 없어 낡은 침대에 누워 눈만 멀뚱멀뚱 뜨고 있으면서도 정신은 멀쩡해서 얼굴을 비치는 모든 사람에게 가죽만 남은 얼굴에 웃음으로 감사를 표현하려 무던히 애를 쓰는 여인. 우리의 어머니는 이러한 삶을 살고 있다.

둥굴레 : *Polygonatum odoratum* var. *pluriflorum*

칠보치마

백합과
Metanarthecium luteo-viride Maxim.

칠보치마는 습기가 많으면서도 빛이 잘 드는 부엽질이 풍부한 계곡 경사면에서 자라는 여러해살이 풀이다. 키는 꽃이 피었을 때 20~50㎝ 정도이며 잎은 황록색으로 뿌리에서 10개 정도가 돌려난다. 꽃은 7월에 1~3개의 긴 꽃줄기에 여러 개의 꽃이 아래에서 위로 올라가며 황백색으로 달린다. 가끔 꽃줄기가 갈라지기도 한다. 꽃잎과 수술은 각각 6개이다.

경남의 자생지가 유원지로 개발되었고 하천변에 주로 자생한다. 꽃이 필무렵이면 계곡을 즐기러온 많은 사람들로 인해 훼손이 심각하다.

처음 경기도 칠보산에서 발견되고 잎의 모양이나 서식지가 처녀치마와 비슷하여 칠보치마라고 부르게 되었다. 처음 발견된 칠보산에서는 거의 찾아볼 수가 없으며 주로 남해섬에서 발견된다. 처녀치마와는 잎의 모양은 비슷하지만 처녀치마와 달리 꽃이 피는 시기가 6~7월로 처녀치마가 피는 4월보다 늦다. 꽃대가 처녀치마는 꽃대가 1개가 올라오지만 칠보치마는 1개 이상이 올라오고 처녀치마의 꽃 색은 보라색이며 꽃이 뭉쳐피는 점이 다르다.

칠보라고 하는 이름 때문에 꽃의 아름다움에 많은 기대를 하지만 실재로 만나보면 첫 인상에 조금은 기대와 어긋나 실망하기도 한다. 하지만 자세히 들여다보면 칠보 못지않은 아름다움을 간직하고 있음을 느끼게 된다. 사는 지역이 습지이다 보니 많은 습지의 개발로 인해 점점 주위에서 보기 힘들어진 식물 중의 하나이다. 사람은 첫인상에 대한 감정이 매우 강한 것 같다. 첫인상이 형성되는데 소요되는 시간은 여자는 남자를 보고 5초, 남자는 여자를 보고 8초가 걸린다고 한다. 그런데 이 첫인상을 결정하는 요소가 미국의 심리학자 알버트 멜라비언의 법칙에 의하면 시각요소가 55%, 청각요소가 38%라고 한다. 쉽게 얘기해서 외적으로 보여지는 첫 이미지가 첫인상을 결정한다는 것이다. 아마도 꽃을 보고서도 그 꽃에 대한 이미지를 결정하는 것도 비슷하지 않을까 생각된다. 그래서 꽃의 크기가 작은 꽃들이나 주위에 흔한 들풀은 처음부터 그 외모만을 보고 쉽게 잡초로 취급하거나 꽃이라고 보지 않는 것 같다.

강의시간에 학생들에게 꽃마리라는 식물을 들고 가서 보여주며 꽃이 예쁘다고 생각하는 학생은 손을 들어보라고 했을 때 50여명의 학생 중 한두 명이 주위의 눈치를 살피며 손을 들까 말까 망설이며 손을 들었다. 그 다음 화면을 통해 확대된 꽃마리의 꽃 사진을 보여주며 같은 질문을 하였을 때 50여명 대부분의 학생들이 예쁘다고 손을 들었다. 손에 들고 있는 꽃과 화면 속의 꽃이 같은 꽃이라고 얘기하자 모두들 믿지 못하겠다는 표정이었다. 이처럼 우리는 어떤 사람이나 사물을 자세히 들여다보거나 알아보고 판단하는 것이 아니라 처음에 보여지는 매우 짧은 인상에 의해 모든 것을 결정해 버리고 만다. 그래서 요즈음의 시대를 외모지상주의하고 하나 보다. 키가 작으면 루저loser가 되는 세상, 하물며 식물들에게 있어서는 더 말할 필요가 없어 보인다. 그러나 세상에 존재하는 모든 생물에 루저는 없다고 생각한다. 나름대로의 아름다움과 멋을 가지고 살아가고 있는데, 인간이 스스로 자신을 비하하며 루저를 만들어가는 것은 아닐까? 칠보치마도 겉으로 보이는 짧은 첫인상 때문에 사람들에게서 보호를 받지 못하고 마구 짓밟히고 파헤쳐져 그 삶의 터전이 점점 좁아져만 가는 것 같다.

처녀치마 : *Heloniopsis koreana*

콩짜개란

난초과
Bulbophyllum drymoglossum Maxim. ex M. Okubo

콩짜개란은 외떡잎식물로 늘푸른 여러해살이 풀이다. 제주나 남쪽 해안의 오래된 나무줄기나 습기가 많은 바위 표면에 부착하여 자라는 착생란이다. 가는 줄기는 옆으로 길게 뻗으며 잎이 엉성하게 달린다. 잎은 어긋나며 끝이 둥글고 밑 부분이 좁으며 콩짜개덩굴의 잎과 비슷하나 약간 더 길쭉하여 혀 모양처럼 생겼다. 또 콩을 반쪽으로 쪼개놓은 모양의 잎을 가지고 있어

콩짜개란 이라고 한다. 꽃은 잎겨드랑이에서 1개의 꽃자루가 나와 연한 황색의 꽃을 1개씩 피운다. 꽃잎은 얇은 종이처럼 반투명한 막질이다. 꽃받침 조각은 끝이 뾰족하다. 종명 drymoglossum은 숲의 혀라는 뜻으로 잎이 혀처럼 보여 붙여졌다.

같은 속에 혹란이 있는데 잎이 몽통하게 생긴 헛줄기 위에 달리고 길쭉하여 쉽게 구별된다. 잎으로 봐서는 양치식물 고란초과인 콩짜개덩굴과 구분이 더 어렵다. 그러나 포자낭을 갖는 포자엽이 있어 쉽게 구분이 가능하다. 흔히 원예상에서 이 콩짜개덩굴을 콩짜개난으로 파는 경우를 쉽게 볼 수 있다.

사람은 누구나 흔하지 않은 것일수록 보고 싶고 갖고 싶어하는 마음들이 있음은 어쩔 수 없는 본능인가 보다. 특히 나처럼 식물의 꽃을 찾아 아무리 먼 곳이라도, 또 경비가 얼마가 들더라도 꼭 만나고 싶은 꽃은 만나야만 직성이 풀리는 사람에게는 더 말할 필요도 없다. 그러나 한편으로는 이러한 욕심과 이기심이 식물의 생태를 파괴하고 결국에는 그 설자리를 잃게 만든다고 하는 것도 숨길 수 없는 사실이다. 역시 콩짜개난의 꽃을 보기 위해 이리저리 수소문 끝에 사람이 들어가면 분명히 손상을 입을 수밖에 없는 산속을 헤치고 들어갔다. 그곳은 이미 많은 사람들의 발길로 인해 길이 있고 길을 따라 헤치고 나아가며 콩짜개난과 대면할 마음에 마음이 마구 뛴다. 이게 콩짜개난인가 하고 가슴을 콩당거리게 하는 콩짜개덩굴은 나무마다 가득가득 붙어살고 있다. 드디어 도달한 콩짜개난이 자생하는 곳은 험한 절벽이다. 깊은 낭떠러지임에도 불구하고 발길의 흔적이 매우 강하게 남아있다. 그나마 아직 사람의 손이 타지 않아 다행이다. 과연 얼마나 사람의 손을 타지 않고 견디어 줄지. 보고 싶어 하는 마음은 어쩔 수 없겠지만 제발 갖고 싶어 하는 마음만은 꾹 눌렀으면 하는 간절한 마음이다. 이곳 현지인들과 대화

가운데서 이런 희귀 난들을 채취하여 하루 일당으로 살아가는 사람들이 생각보다 많고 또 그들을 막을 방법이 없다는 한탄의 소리를 듣는다. 소비가 있으니 그 소비를 채워주고 먹고사는 사람들도 있기 마련이다. 환경부나 산림청에서 그저 보호식물로 지정하고 채취하거나 손상시키면 벌금이 얼마다는 법의 제정으로 끝낼 것이 아니라 좀 더 철저한 보존 정책이 필요하다는 것을 새삼 느끼게 한다. 이곳에는 콩짜개난 뿐아니라 콩짜개난 못지않게 희귀한 혹란초의 꽃도 볼 수 가 있었다.

콩짜개덩굴 : *Lemmaphyllum microphyllum*

혹란초 : *Bulbophyllum inconspicuum*

큰바늘꽃

바늘꽃과
Epilobium hirsutum L.

큰바늘꽃은 산과 들의 습하면서도 빛이 잘 드는 하천가에 주로 사는 여러해살이 풀이다. 키는 70~150cm 정도이며 굵은 땅속줄기가 발달하여 옆으로 길게 뻗는다. 줄기는 곧게 자라며 가지가 많이 갈라지고, 잎은 뾰족한 바늘모양으로 가장자리에 작은 톱니가 있다. 꽃은 8월에 줄기나 가지 끝에 연한 홍자색의 꽃을 피운다. 꽃잎은 4장으로 끝이 얇게 두 갈래로 갈라지며, 암술머리는 4갈래로 갈라진다. 열매는 9~10월경에 익으며 종자에 갓털이 있다.

돌바늘꽃 : *Epilobium cephalostigma*

분홍바늘꽃 : *Epilobium angustifolium*

산지의 물가에 자라는 돌바늘꽃이나 주로 북부에 자라는 분홍바늘꽃 등 꽃이 지고나면 열매의 모양이 바늘처럼 가늘고 길다고 하여 붙여진 이름이다. 영어로는 fire weed 즉 마치 불꽃놀이하는 것처럼 보여서 붙여진 것 같다. 특히 큰바늘꽃은 저지대의 하천가 양지바른 곳에 사는 관계로 여름이면 하천 정비사업등에 의해 그 대부분이 유실되었다. 정선의 자생지는 개발에 의해 이미 사라졌으며, 청송의 자생지도 국립공원지역에서 조금 벗어난 상업지구의 하천변에 살다보니 관할 구역 밖이라는 핑계로 곳 사라질 위험에 처해 있다. 다른 두 세 곳도 자생지가 길가 하천변인 곳이어 여름이면 베어져나가기를 반복하는 관계로 얼마나 더 견디어줄지 위태위태하다. 보기에 별가치가 없어 보이는 들풀이나 나무는 그렇다 치고라도 큰바늘꽃은 그 꽃의 아름다움이 장미꽃에 견줄 만하다. 그럼에도 불구하고 들이나 하천가에 피어난다는 이유로 잡초 취급을 받아 마구 사라져 이제는 이 꽃을 보기 위하여 많은 고생을 해야하는 처지가 서

글프기만 하다. 금낭화나 나리나 바늘꽃처럼 자연그대로도 어떠한 원예종들 보다 아름다움을 간직하고 있어 조금만 육종가들의 관심을 갖는다면 국제적으로도 화훼시장에서 견줄 수 있는 종류들이다. 외국에서 당장 쉽게 들여와 단시간에 수입을 올리는 것도 필요하겠지만 조금은 시간이 걸리더라도 우리의 것을 조금 더 시간을 내어 아끼고 가꾸는 정책과 관심이 있어진다면 우리의 자연은 더욱 아름다워지고 풍요로워질 것이다. '떠나간 이를 그리워하는 밤' 이 되기 전에 우리의 주위에서 떠나지 않도록 세심한 관심과 보호가 절대적으로 필요하다.

바늘 하면 항상 같이 따라다니는 것이 골무이다. 그런데 뜻밖에도 골무꽃이라는 꽃도 있다. 창과 방패처럼 항상 함께 붙어 다녀야 제구실을 한다. 어릴 때는 얼마나 개구쟁이 이었는지 양말이 하루도 성할 날이 없이 구멍이 났다. 그럴 때면 어머니는 그 양말을 깨끗이 빨아 바늘을 꺼내어 실을 끼우고 인지에 골무를 끼우고 그 구멍 난 헌 양말을 꿰메시던 모습이 떠오른다. 요즈음 아이들이야 상상도 되지 않는 어머니의 모습이지만.

골무꽃 : *Scutellaria indica*

어머님이 쓰시던 바늘과 골무.
골무엔 어머니의 피가 묻어있다.

탐라난

난초과
Gastrochilus japonicus (Makino) Schltr.

탐라난은 제주도 한라산 남쪽 해변 500~1,000m 의 소나무나 상록수림의 가지에 착생하여 자란다. 다습한 생육환경을 갖춘 지역으로 햇빛이 직접 비추지 않는 밝은 곳에서 자라는 늘푸른 여러해살이 풀이다. 짧은 줄기를 가지며 어긋나는 포엽으로 둘러 싸여있다. 줄기의 길이는 3~10cm 정도이며 끝이 비스듬히 올라가고 백색의 가는 뿌리가 뒤로 뻗어 몸을 지탱한다. 5~15개의 잎이 어긋나며 다발처럼 뭉쳐난다. 꽃은 6~7월경 잎겨드랑이에서 나온 꽃줄기 끝에 2~8개의 담황색 꽃이 핀다. 순판脣瓣은 중간이 국자처럼 오목하고, 끝 중앙부에 황색으로 원형의 반점이 있다.

착생란의 일종인 탐라난은 1990년대에야 발견된 매우 희귀한 종이다. 또한 자생지에서 보였다 하면 도채꾼들과 희귀난초를 구하는 업자와 동호인들에 의해 채취당해 그 존재 자체가 힘든 란이다. 국립수목원에서는 채취업자에게서 얻은 개체로부터 종자를 발아시켜 얻은 식물체들을 복원하는 사업을 벌리고 있지만 이마져도 도채꾼들에 의해 사라지고 있다. 가져가더라도 살리기 힘든 난을 훔쳐가는 전문꾼들이 있는 이상 성공을 기대하기도 쉽지 않아 보인다. 가능한 빠른 시간에 대량으로 증식시켜 수요자들의 욕망을 채워줄 수 있을 정도가 되어야 복원을 기대할 수 있을 것 같다.

배양중인 탐라난

탐라란의 수명이 이렇게 간들간들 한 것은 탐라국과 관련이 있어서 일까? 고려사高麗史 고기古記에 의하면 "처음엔 사람이 살지 않았는데 양을나良乙那, 고을나高乙那,,부을나夫乙那라고 하는 세명의 신인神人이 땅에서 솟아올랐다. 이들이 하루는 동해에 붉은 진흙으로 봉한 나무상자가 떠있는 것을 보고 열어 보니 그 안에 돌상자가 있고 그 속에 세 명의 처녀와 망아지, 송아지 그리고 오곡의 종자가 들어 있었다고 한다. 15대손인 고후가 신라를 공경하였고 신라는 이 땅을 탐라耽羅라고 했는데, 처음 왔을 때 탐진에 도착해 신라에 조회하였기 때문이다. 고高를 성주로, 양良을 왕자로, 부夫를 도상都上으로 삼았다. 뒤에 양良을 고쳐 양梁으로 하였다"라고 하였다. 그후 백제를 거쳐 고려 태조太祖 20년(938년)에 태자 말로末老를 보내어 귀순함으로써 그때부터 고려에 속하게 되었다고 한다. 고려에 속하기 전가지만 해도 그들의 고유한 지역을 지배하며 풍족하게 살았지만 그 이후 점점 쇠퇴하여 탐라국이 전설로만 남게 된 것처럼 탐라란도 점점 사라져 전설로만 남게 되지 않을 까 걱정된다.

제주 자생 탐라난의 사진은 조윤하선생님이 제공해 주셨다, 그리고 나머지 사진은 복원사업을 위하여 조직배양한 탐라난의 사진이다.

파초일엽

꼬리고사리과
Asplenium antiquum Makino

식재된 파초일엽

파초일엽은 제주도의 삼도에서 자라는 늘푸른 여러해살이 풀로 양치식물이다. 뿌리줄기는 덩어리지며 나무나 바위 위에 착생한다. 잎은 뿌리로부터 로젯트 모양으로 새의 둥지 비슷하게 무더기로 돌려난다. 잎은 물결모양처럼 주름지며 연녹색으로 두껍고 억세며 광택이 난다. 잎 뒷면에 적갈색의 포자가 측맥을 따라 평행으로 잎 중간부터 끝까지 일렬로 붙어 있다. 포막은 가장자리가 밋밋하며 갈색이다.

삼도는 섶섬이라고도 불리우는 작은 무인도로 파초일엽이 자생하는 가장 북쪽 한계선으로 인정되어 1962년 12월 천연기념물 제18호로 보호되고 있다. 공기정화작용이 있다는 얘기가 알려지면서 많은 사람들의 목표물이 되고 또한 관엽식물로서의 관상가치도 높아 빠른 시간에 자생지가 파괴되었다. 2000년에는 낚시꾼에 의해 화재가 나기도 하였으

나, 2012년까지 일반 공개가 제한되고 무인도이기 때문에 사람의 출입이 금지되어 인위적인 피해는 피할 수 있게 되었다. 또한 대량증식에 성공하여 요즈음엔 파초일엽을 제주의 이곳저곳에 인위적으로 심어 어렵지 않게 볼 수 있으며 원예용으로도 쉽게 구할 수 있다. 멸종되기 직전의 식물을 자생지에서 보호하면서 사람들의 욕구도 채워주는 성공케이스의 하나라고 생각된다. 물론 풍란이나 나도풍란, 한란 등도 조직배양에 의한 대량증식의 성공과 품종개량에 의해 다양한 품종을 만날 수 있게 된 성공케이스이지만 아직도 자연산에 대한 욕구가 강해 자생지에서의 복구가 쉽지는 않아 보인다.

오래전부터 이뇨와 지혈 효능이 있어 약초로 이용되었으며 속명 Asplenium은 그리스어에서 유래된 말로 a는 접두어이며 splen(비장)에 효험이 있다는 뜻이라고 한다. 종명 antiquum은 옛, 묵은 이라는 뜻을 가지며 antiquum documentum은 옛계약이라는 뜻으로 성경의 구약에서 하나님의 이스라엘민족에 대한 선택과 구원의 약속을 의미한다. 왜 파초일엽의 종명에 antiquum이 붙었는지는 잘 모르겠지만 옛날에 비장에 효험이 있었다는 뜻일까? 유사식물로는 일명 나도파초일엽이라고 부르는 골고사리와 파초일엽과 구분이 어려운 *Asplenium nidus*가 있다. 수입종인 nidus는 새의 둥지라는 뜻이다.

한원예점에서 판매하는 종은 거의가 nidus이다.

꽃말은 '진보', '비범', '증진' 이다.

골고사리 : *Phyllitis scolopendrium*

한라솜다리

국화과

Leontopodium hallaisanense Hand.-Mazz.

솜다리는 높이 7~12cm로 전체에 회색빛을 띠는 흰색의 고운 털이 감싸고 있는데서 유래된 이름이다. 흑갈색의 5~9개의 두상화가 모여서 달리며 열매는 10월에 익으며 흰색의 돌기가 있다. 일반인들은 에델바이스라고 해야 쉽게 고개를 끄덕인다. 히말라야 원산으로 독일어로 edel은 고귀한, weiss는 흰빛이라는 뜻이 합쳐져 고귀한 하얀색의 꽃이라는 뜻이다. 고산식물인 이 꽃은 흰 양털과 같은 부드러운 털이 많이 난 별 모양의 꽃으로 유럽에서는 흔히 "알프스의 별"이라고도 부른다. 학명 레온토포디움은 꽃이 사자의 발자국을 닮았다고 하여 붙여진 이름이다.

한라솜다리의 꽃말은 순수, 소중한 추억이다.

한라산 정상 절벽에 극소수가 자생하며 정상의 붕괴로 인해 멸종의 위험에 처해 있다.

에델바이스라는 이름은 "사운드 오브 뮤직"이라는 영화를 통해 많은 사람들의 기억속에 아름답게 새겨졌다. 너무나 조국을 사랑하면서도 어쩔 수 없이 독일군의 억압을 피해 오스트리아의 국화인 에델바이스의 노래를 부르며 알프스산을 넘어가는 트랩 대령일가의 영상이 우리의 일제시대의 억압과 겹쳐지면서 특히 많은 사람들에게 잊혀지지 않는 꽃이 되었다. 이러한 감정을 이용해 이 꽃과 비슷한 솜다리나 한라솜다리가 에델바이스로 둔갑되어 인기를 끌게 되고, 소비가 많아지자 많은 채굴자들에 의해 마구 잡이로 벌체되어 이제 거의 멸종위기에 몰리게 된 처지가 되었다. 마치 전설 속에서의 운명을 맞게 되었다고 해도 과언이 아닐듯하다.

하늘나라에 살던 선녀가 지상에 내려와 속세와 부딪칠 일 없는 설산의 대명사인 알프스 정상에 자리를 잡고 살게 되었다. 그러던 어느 날 젊은 등산가에게 발견되어 선녀의 미모가 세상에 알려지게 되었고 그 미모에 미혹된 수많은 남자들이 미모의 선녀를 만나 보기 위해알프스 정상에 오르다 혹독한 추위와 바람과 눈사태로 빙벽에서 떨어져 숨지는 것을 보고 에델바이스는 귀한 젊은이들의 희생을 막기 위해 다시 하늘로 가버렸는데 지상에 머물렀던 자리에 기념으로 에델바이스를 남겨두었다는 전설이 전해지고 있다.

이 전설의 유혹 때문일까? 나 역시 한라산 정상에만 산다는 한라솜다리를 만나기 위하여 몇 달 전부터 이곳저곳 수소문 끝에 국립공원관리공단과 제주도 한라산관리공단에 서류를 넣어 겨우 허가를 받고 허가받은 날 아침 설레는 마음으로 새벽 일찍 한라산 등반을 시작하였다. 10여 km의 긴 등산로 그것도 거의가 바위로 이루어진 길을 무거운 카메라를 짊어지고 묵묵히 오로지 미모의 선녀를 만나기 위해 한걸음 한걸음 발길을 옮겼다. 그러나 진달래 휴게소를 지나면서부터 몰아치는 비바람과 억세게 몰아치는 바람은 몸을 가누기가 쉽지 않다. 겨우겨우 정상에 올라섰지만 한치 앞도 보이지 않는 짙은 비구름과 몰아치는 비 그리고 몸도 지탱할 수 없을 정도로 불어대는 바람은 더 이상 한 발짝도 앞으로 나아가는 것을 허락하지 않는다. 관리공단의 직원도 더 이상의 전진은 도저히 불가하다며 하산을 권한다. 오랫동안 그녀를 만나기 위해 그렇게 노력하였건만 끝내 그녀는 나에게 얼굴을 보여주는 것을 허락하지 않았다. 다음을 기약하며 어쩔 수 없이 발길을 돌려 하산하는 그 길은 왜 그렇게 길고 힘든지...

그녀를 만나는 '소중한 추억' 을 간직하기 위해서는 참으로 '순수' 한 마음을 가져야만 하나보다.

한라송이풀

현삼과
Pedicularis hallaisanensis Hurus.

한라송이풀은 가야산이나 설악산, 한라산에서 볼 수 있는 두해살이풀이다. 키는 5~15cm정도로 줄기는 곧게 서며 털이 많이 난다. 잎의 가장자리는 톱니가 있다. 꽃은 8~9월에 홍자색으로 핀다. 유사식물인 구름송이풀과 다른 특징은 한라송이풀의 잎이 덜 갈라진것이다.

한라송이풀은 최근까지 한라산 고산초원에서만 자라는 고유종으로 알려져 있었으나 최근 설악산이나 가야산에서도 발견되어졌다. 하지만 설악산의 개체 수는 많지 않고 가야산의 자생지도 지금까지 헬기장으로 쓰이던 곳으로 환경이 매우 열악한 상태이다. 지금은 일반인의 출입금지구역으로 지정하여 보호하고 있지만 해마다 종자가 떨어져 새로운 개체가 생겨야 유지 될 수 있는 두해살이풀이라는 특성상, 함께 경쟁하고 있는 다른 식물들과의 경쟁에서 밀리지 않고 살 수 있을지 걱정이 된다.

한라송이풀과 경쟁하는 식물로는 험난한 바위틈에 피어나는 백리향이 있다. 이곳 높은 산에서만 만날 수 있는 백리향을 만나기 위해 무더운 더위를 이겨가며 이마에서 뚝뚝 떨어지는 땀을 손으로 닦아내며 산을 오르다 보면 바위틈 사이사이에 피어있는 야생화들이 그 힘든 시간들을 순식간에 잊게 한다. 바위틈에 간간히 보이는 개회향, 자주꿩의다리, 네잎쓴풀 그리고 마지막 정상을 오르기 전 풀밭에 펼쳐져 있는 둥근산꼬리풀, 솔나리, 동자꽃, 말나리, 그리고 물매화와 한라송이풀, 바위의 극히 비좁은 곳에 피어나 탄성을 자아내게 하는 돌양지꽃 과 바위채송화 , 일반인의 눈에는 쉽게 보여주지 않는 점박이구름병아리난초. 수시로 변하는 산정에서 운해와 함께 코끝을 취하게 하는 짙은 향에 비로소 정신을 차릴 즈음 백리향의 향에 취한 또 다른 녀석들이 눈앞에 정신없이 움직이고 있음을 깨닫게 된다. 벌과 나비들이 꿀을 찾아 사람의 접근에도 관여하지 않고 정신없이 움직이고 있음을 보게 된다. 사람이나 곤충이나 야생화에 취해 다시 하산해야 할 시간을 잊어버리고 그때서야 부지런히 하산을 재촉한다.

송이풀이라는 이름은 송이가 나올 때쯤 핀다고 해서 송이풀이라는 이름이 붙었다고 한다. 송이풀이라는 이름이 붙은 식물은 한라송이풀을 비롯하여 나도송이풀, 큰송이풀, 애기송이풀, 만주송이풀, 부전송이풀, 마주송이풀, 이삭송이풀 구름송이풀 등 거의 20여종에 이른다. 꽃말은 '욕심' 이라고 한다. 이렇게 고운 꽃에 욕심이라는 꽃말이 붙은 것에 대해 조금은 의아하기도 하지만 좀 더 곰곰이 생각해 보면 조금은 이해할 것도 같다. 세상은 많이 가진 자들이 많다. 재산이든, 명예든, 권력이든 건강이든, 아름다움이든 저 정도면 더 이상 욕심이 없을 것처럼 보여 지는데 세상을 시끄럽게 하는 사건들의 뒤에는 바로 이런 자들의 욕심 때문에 일어나는 것을 너무 자주 만나게 되기 때문이다.

성경 야고보서에는「욕심이 잉태한즉 죄를 낳고 죄가 장성한즉 사망을 낳느니라」라는 말씀이 있다. 자신의 욕심 때문에 시험을 당하고 유혹을 받게 된다. 하지만 대부분의 사람들은 자신의 욕심으로 인해 생겨난 문제들을 모두 다른 사람 때문이라고 핑계하고 그로 말미암아 인간관계는 더욱 비틀어지고 꼬이게 된다. 근본 원인인 자신의 욕심을 버리면 쉽게 해결 될 수 있는 모든 문제들이 좀처럼 풀리지 않는 것이다. 더 높아지고 싶고, 더 갖고 싶고, 더 먹고 싶고, 더 누리고 싶고 더 예뻐지고 싶기 때문에 다른 사람을 해치고, 빼앗고, 속이게 된다. 하나님은 십계명에 "탐내지 말라"고 말씀하셨다. 탐심 즉 욕심이야 말로 우상숭배이다. 결국 자신의 욕심은 고통을 만들고 그 괴로움과 고통이 죄를 만들게 되며 결국에는 자신은 물론 다른 사람까지도 죽음으로 내몰게 되는 것이다.

백리향 : *Thymus quinquecostatus*

구름송이풀 : *Pedicularis verticillate*

해오라비난초

난초과
Habenaria radiata (Thunb.) Spreng.

해오라비난초는 전국의 산지 습지에 나는 여러해살이풀로 키는 20~40cm정도이다. 구경으로 잎은 어긋난다. 꽃은 7~8월에 줄기 끝에 1~4송이가 흰색으로 피며 해오라비처럼 날아가는 모습을 하고 있다. 속명의 Habenaria 는 해오라기를 의미하며, 종명 radiata는 방사형의 무늬를 뜻한다. 해오라비는 해오라기의 경상도 방언으로 황새 즉 백로라는 뜻이며, 일본말로는 Sagiso 즉 날개를 펼친 백로 같다는 뜻이다.

이 사진을 보고 있으면 마치 백로가 하늘을 날고 있는 듯이 보인다. 바로 자연이 빚어낸 신비의 꽃이다. 지금은 보기가 어려워 졌지만 얼마전만 해도 습지라면 보기에 그렇게 어렵지 않았던 꽃이기도 하다. 그러나 너무나 신비하고 아름다워 사람의 마음을 뺏어가서인가. 보는 이마다 가져보고 싶다는 욕심을 솟아오르게 만든다. 김효수의 소설「해오라비 난초」에서 "나를 봐. 한 번만, 한 번만 눈을 뜨고 나를…… 바라봐 주렴, 설희야." '그리워서 너를 그린다. 반드시 너를 되찾고야 말겠다"라는 구절처럼 '꿈에서라도 보고 싶을' 정도로 하얀 날개짓이 보는 이의 눈과 마음을 빼앗아 한번 가지고 싶어하게 만든다. 인터넷에서 해오라비난초를 쳐보면 수없이 많은 사람들이 해오라비난초를 구하는 광고가 있음을 보게 된다. 그래서 인지 많은 도채(盜採)로 인해 자생지가 급격히 감소되어가고 있다.

해오라비난초나 끈끈이주걱, 큰방울새난, 땅귀개, 이삭귀개등과 같은 습지 식물은 인간의 간섭이 없이 그 환경만 잘 유지된다면 그 개체수가 증식되어지는데에는 큰 어려움이 없다.

햇빛이 너무 따갑다
바람에 흔들거려 금방이라도 날아 오를것만 같은
눈부신 하얀 날개짓이 마치 어린 천사의 모습
그래도 이 땅을 못 잊어 박차고 솟아오르질 못한다

꿈속인가 생시인가
지치고 피곤하여 스르르 내려앉는 눈꺼풀 사이로
높이 솟아오른 새하얀 모습이 보인다
두 다리를 이 땅에서 떼어내지 못한 몸짓이 애처롭다

백로의 비상

홍월귤

진달래과
Arctous alpinus (L) Nied. var. *japonicus* (nakai) Takeda

홍월귤은 고산 초원에서 자라는 낙엽 소관목으로 땅속줄기로 부터 원줄기가 2~15cm정도로 생장한다. 잎은 큰 타원형으로 깊은 잎맥을 가지며 가장자리에 얼룩무늬의 톱니가 나 있다. 꽃 색은 처음엔 연녹색을 띠지만 점점 엷은 황색으로 바뀐다. 잎은 빨간 단풍이 들고 낙엽이 진다. 월귤처럼 붉은 열매를 맺어서 홍월귤이라는 이름이 붙었다. 중국에선 홍실월귤 紅實越橘로 역시 열매가 붉어서 붙은 이름이다.

2007년 정보통신부 우정사업본부는 70원자리 우표에 홍월귤을 디자인 하여 발행하였을 정도로 희귀식물이면서도 환경부 지정 멸종위기 식물이다. 홍월귤은 전 세계적으로 3종이 분포하며 우리나라에는 1종만이 설악산과 백두산에 분포한다.

요즈음 지구온난화에 대한 의견이 분분하다. 사실이야 어떠하든 우리나라는 이상기후로 인해 고산에 사는 식물들은 멸종의 위기에 놓여있다. 암매나 홍월귤이 이에 해당한다. 키가 작은 나무들을 소관목이라고 하는데 보통 풀의 크기 정도로 자라는 나무들을 말한다. 백두산에 자라는 들쭉나무나 한라산에서 볼 수 있는 산호수, 백량금, 자금우, 그리고 한라산 정상에서 볼 수 있는 암매나 시로미, 설악산 정상에 자라는 홍월귤이나 월귤, 가야산 정상에서 자라는 백리향 등을 들 수 있다. 지금은 설악산의 홍월귤은 목재 데크를 설치해 사람이 밟지 못하도록 보호하고 있다. 다행히 홍천의 어느 지형에서도 홍월귤의 자생지가 발견되었다고 한다. 따라서 홍월귤의 남방한계선은 설악산이나 홍천으로 볼 수 가 있다.

월귤 : *Vaccinium vitis-idaea*

모새나무 : *Vaccinium bracteatum*

홍월귤이나 월귤은 크기가 매우 작고 개체수도 얼마 되지 않아 사람의 눈에 잘 띄지 않으므로 사람에 의한 멸종보다는 환경의 변화에 따른 멸종위기에 처하여있는 식물이다. 야생생물을 멸종으로 몰아넣는 요인들을 흔히 히포(HIPPO)라고 한다. HIPPO란 Highest paid person이라는 단어의 중간 스펠링을 따서 만든 경영 학술 언어로 "가장 많은 봉급을 받는 사람이 결정권을 갖는다"라는 뜻이다. 생태학에서는 가장 큰 요소가 그 종의 생존 상태를 좌우한다는 뜻이다. 서식지 파괴, 외래종 침입, 인구증가, 오염, 과도한 포획(채취) 등이 그것이다. 이 가운데 홍월귤은 서식지 파괴가 압도적 비중을 차지하는 멸종요인이다. 월귤은 사철 푸른 잎을 가진 식물로 잘 자리지 못하며 줄기가 땅위를 긴다. 하얀 꽃을 피우며 여름에 열매는 주황색을 거쳐 붉게 물이 든다.

홍월귤과 꽃모양이 비슷한 식물로 모새나무가 있다.

2012년 여름 백두산에 올라 우연히 불게 물든 홍월귤의 열매를 눈에 대했을 때의 그 환희와 기쁨은 아직도 잊히지 않는 추억이다.

황근

아욱과
Hibiscus hamabo Siebold & Zucc.

제주도와 남쪽해안 바닷가에 자라는 떨기나무로 멸종위기 2급 보호식물이다. 줄기는 1~5m 정도로 가지가 많이 갈라진다. 잎은 어긋나며 도란형, 가장자리에 톱니가 있다. 꽃은 7~8월에 노란색으로 가지 끝이나 잎겨드랑이에 1~2개씩 핀다. 꽃받침 꽃잎은 5장이며 암술머리는 붉은 색으로 5개로 갈라진다.

무궁화 꽃을 닮아 노란무궁화라고도 부른다. 노란 황금 가운데에 붉은 점을 박아 놓은 듯하여 '보물주머니' 라는 꽃말을 가졌는지도 모른다. 무궁화속에 속하는 식물 중 유일하게 자생종임에도 불구하고 이 꽃을 보면 한국이 아닌 이국에 와있는 것 같은 기분이 들 정도로 이색적이고, 정말 보물주머니를 만난 것 같은 풍요로움과 넉넉한 기분이 든다. 황근의 삶의 터전은 바닷가이다. 식물들은 자신들의 서식지를 넓히며 후손을 번식시키기 위한 여러 가지 방법을 가지고 있다. 감나무나 사과와 같이 새들이나 동물들의 먹이가 되어 배설물로 이동하는가 하면, 도깨비바늘처럼 종자가 바늘이나 갈고리처럼 되어 동물이나 몸에 붙어 이동시키거나, 박주가리나 민들레처럼 바람에 의해 종자를 날리기도 하고, 가시연꽃처럼 종자를 물에 흘려 보내기도 하고, 진득찰처럼 끈적끈적한 점액을 이용하기도 한다. 황근은 물에 잘 떠다니도록 종자가 가벼우며 염분에도 잘 견뎌 파도와 해류의 흐름에 따라 떠돌아다니다 도착하는 해변가에서 싹을 틔운다. 자생지인 제주도의 남쪽 표선 해안가를 따라 분포하고 있으며 비교적 발아도 잘되며 꽂꽂이 등에 의한 증식이 쉬어 요즈음 제주도의 길가에 가로수로 심겨져 있는 것을 쉽게 볼 수도 있다. 식물에게도 자신의 최적 생활방식이 있듯이 모든 사람들도 살아가는 방법이 다름을 서로 인정한다면 더 행복한 삶이 되지 않을까?

유사식물에는 무궁화나 수박풀 등이 있다. 무궁화는 목본이고 수박풀은 초본이다. 무궁화는 중국과 인도가 원산인 낙엽관목이지만 현재는 우리나라의 국화이다. 나라를 상징하는 꽃이라고도 할 수 있다. 무궁화라는 의미는 오래 핀다는 의미이다. 하나의 꽃이 오래 동안 피어있는 것이 아니라 해가 뜨기 전에 꽃을 피우고 해질녁 무렵에는 시든다. 무궁화는 초여름부터 가을까지 '일편단심' 계속 매일 새로운 꽃을 피우고 진다. 매일 새로운 꽃이 피어나기에 꽃이 지지 않고 오래 피어있는 것처럼 보이는 것이다. 끈질기게 이 땅에서 살아온 우리민족의 얼을 상징하는 꽃이기도 하다. 일본에게 나라를 빼앗겼을 때 일본인들은 이 땅에서 무궁화를 지워버리기 위하여 노력을 하였지만 번식력이 매우 강한 무궁화는 이 땅에서 더욱 번식력을 발휘하였다. 지금은 새로운 품종이 개발되어 그 종류가 100여종에 이른다.

수박풀은 중앙아메리카 원산으로 무궁화속에 속하는 식물 가운데에서 유일한 한해살이풀이다. 잎이 수박을 닮았다고 하여 붙여진 이름이긴 하나 꽃이 진 다음에 맺히는 수박줄이 그어진 열매가 더 수박 같아 보인다.

무궁화 : *Hibiscus syriacus*

수박풀 : *Hibiscus trionum*

3

제3장

멸종위기 육상식물 관찰종

섬국수나무

장미과

Physocarpus insularis (Nakai) Nakai

섬국수나무는 울릉도 특산 식물로 낙엽관목식물이다. 섬조팝나무라고 부르기도 한다. 높이 1 m 정도이며 가지가 많이 갈라진다. 잎은 어긋나고 잎 뒷면에는 흰털이 있고 잎자루가 5mm정도로 짧으며 가장자리에 날카로운 겹톱니가 있으며 긴타원형이다. 꽃은 6월에 백색으로 뭉쳐 핀다. 수술은 여러 개이며 암술은 5개이다. 유사식물인 산국수나무 *Physocarpus amurensis* 는 북부지방 고산지대의 산기슭에 자생한다. 섬국수나무는

잎 뒷면에 털이 없고 잎자루의 길이가 1cm정도이며 잎이 거의 갈라지지 않으나 산국수나무는 잎이 3~5개로 갈라지고 끝이 뾰족하다. 국수나무는 섬국수나무와는 족보가 조금 다른 국수나무속으로 가장자리에 톱니가 있으며 5월에 꽃이 피고 꽃잎이나 암술에 털이 있다. 국수나무의 줄기는 어린가지는 약간 붉은색을 띠며, 나이가 들면 흰색으로 변한다. 또한 땅에서 줄기가 여러 개로 갈라져 큰 포기를 이루어 자라며 하얀 줄기의 뻗는 모양이 마치 국수 면발처럼 늘어져 보인다고 하여 국수나무라고 한다. 흰 줄기를 가진 나무를 보고도 국수를 생각했으니 얼마나 먹을 것이 궁핍했는지를 짐작할만하다.

인류가 밀을 재배한 것은 기원전 4천년 경으로 메소포타미아 지역으로추정한다. 유럽 국수는 파스타라고하며 대표적인 것이 스파게티이다. 발상지는 이탈리아 남부 시칠리섬이다. 중국에는 천 가지 이상의 국수 요리법이었으며 그중 대표적인 것이 수타면으로 산시성에서 개발되었다고 한다. 일본은 1200년대에 소이치국사에 의해 전래되었다고 하며 삶은 국수에 표고버섯을 우려낸 국물을 부어 먹는다. 동남아시아는 밀 대신 쌀을 주식으로 하므로 쌀국수가 발달되었다. 우리나라에는 실크로드를 따라 유입된 것으로 추정하지만 기록상으로는 1123년에 쓰여진 선화봉사고려도경宣和奉使高麗圖經에 "식미십여품이면식위선食味十餘品而麵食爲先 맛있는 음식이 십여 가지가 있는데 그중에서도 면음식을 으뜸으로 삼았다" 는 기록이 있으며 고려도경 잡속雜俗편에는 "고려에는 밀이 적기 때문에 화북에서 수입하고 있다. 따라서 밀가루 값이 비싸 결혼식이 아니면 먹지 못 한다"라고 기록하고 있다. 국수는 한자로 움킬국掬 물수水 즉 면

을 물속에서 움켜 낸다는 뜻이다. 국수가 잔치집의 대표음식이 된 것은 면발이 길어 장수의 뜻을 담고 있다고 믿었을 뿐만 아니라 쉽게 구할 수 없는 귀한 밀가루였기 때문일 것이다. 가늘고 길게 살거냐, 굵고 짧게 살거냐, 아니면 굵고 길게 살거냐는 농담도 있지만 예나 지금이나 오래 살고자 하는 마음은 마찬가지인가 보다. 잔치국수라는 말도 있듯이 결혼예식 피로연에 지금도 빠지지 않는 것이 국수이고, 이 국수 맛이 있어야 손님들도 기분 좋아 한다. 결혼식 날에 국수를 대접하는 것도 신랑신부가 평생 동안 길게 회로하기를 바라는 마음에서 일 것이다. 전에는 서민들은 잔칫날이 아니면 맛 볼 수 도 없는 귀한 음식이었지만 이제는 대중화되어 가장 싸고 쉽게 먹을 수 있는 음식이 되었다. 그래서인지 곳곳에서 잔치가 있으며 어김없이 국수를 만들어 누구에게나 대접하고 있는 것을 본다. 국수나무도 우리주변 어디에서나 쉽게 볼 수 있다. 섬국수나무도 잘 보존하고 가꾸어 어렵지 않게 볼 수 있는 때가 오기를 기대해 본다.

국수나무 : *Stephanandra incisa*

참골담초

콩과

Caragana koreana Nakai

조선골담초라고도 한다. 산지에서 자라는 낙엽성 작은키나무이다. 높이 약 2m이다. 줄기는 어두운 녹색이고 가지는 잿빛을 띤 갈색이다. 가지는 위를 향하여 퍼지고 5개의 능선이 있으며 털이 없다. 잎은 어긋나고 짝수로 8~10장으로 골담초보다 많으며, 탁엽의 가시가 2mm 이하이다. 꽃은 5월에 노랑빛을 띤 붉은빛으로 잎겨드랑이에 1개씩 달린다. 골담초는 잎이 2장씩 붙어있고 어긋나며 탁엽의 길이가 4~8mm로 가시로 된다. 노란꽃이 핀다고 하여 금작화(金雀花) 라고도 한다. 골담초는 뼈질환을 담당하는 약초로 골담을 치료하는 풀이라는 뜻이며, 민간과 한방에서는 풍기와 통증을 가라앉히는데 사용한다.

참골담초는 북방계식물로 북한에만 자생하는 것으로 알려졌으나 2007년 남한에서 처음 발견되었다. 빙하기 시절에 한반도에 자생했지만 빙하기 이후 소멸되었는데 즉 너덜지대轉石地 (암반이 바위 덩어리로 쪼개져 경사면에 불안정한 상태로 분포되어 있는 곳) 사면 암석 사이에서 찬공기가 나와 여름에도 결빙현상이 보일 정도로 저온환경이 형성된다하여 일명 얼음골이라고도 부르는 풍혈지가 피난처의 역할을 하여 살아남은 것으로 추정된다. 우리나라에는 골담초속이 3종 분포한다. 참골담초와 좀골담초는 자생종이지만 골담초는 중국원산으로 주로 약용으로 재배한다. 골담초는 소엽수가 가장 작아 2쌍이며, 참골담초는 4~6쌍, 좀골담초는 6~10쌍으로 가장 소엽의 수가 많다. 참골담초의 꽃자루의 길이는 3~4cm로 다른 두종에 비해 가장 길다. 줄기의 가시는 골담초보다 훨씬 짧고 부드러우며 잎에 윤기가 없고 부드럽다. 참골담초의 잎은 짙으면서도 부드러운 녹색으로 '청초' 한 건강미를 보이며, 긴꽃자루에서 아래를 향해 피는 노오란 꽃은 '겸손' 한 자태를 보여준다.

참골담초는 종자로 번식하지만 개체수가 너무 적어 근친교배로 인한 유전적 다양성이 작아 환경변화에 취약하다. 또한 키가 작아 경쟁식물인 물푸레나무나 느릅나무, 피나무, 고로쇠나무등과 같은 큰키나무에 가려 광합성을 제대로 하지 못하므로 세력이 약해져 그 영역이 좁혀져가고 있는 실정이다. 자생지에서의 보전을 위하여 주위의 경쟁식물을 줄여 환경을 개선하고, 종자번식과 삽목 등을 통해서 개체수를 증식시켜야 할 필요가 있다. 최근에는 강원도와 경기도의 풍혈지에서도 참골담초, 자병취, 개병풍 등을 비롯한 10여종의 북방계 희귀식물이 발견되었다고 하니 반가운 소식이다.

골담초 : *Caragana sinica*

참물부추

물부추과
Isoetes coreana Y.H.Chung & H.K.Choi

참물부추는 얕은 물에 사는 양치식물이다. 잎이 부추처럼 생겨 붙여진 이름이지만 꽃이 피지 않고 포자로 번식하는 고사리와 같은 식물이다. 땅속줄기는 짧고 검은 색이며 덩어리를 이루고, 밑 부분이 3개로 갈라져서 홈이 지며, 홈에서 흰색의 뿌리가 나온다. 잎은 뭉쳐나고 짙은 녹색이며 네모진 원기둥을 이루어 통기조직을 가지며 포자엽 상부에 기공이 있다.

잔잔한 물속에서는 곧게 선다. 잎의 밑 부분은 달걀 모양으로 젖은 상태에서는 회색이고 건조되면 흰색으로 된다. 가장자리가 얇은 종이처럼 반투명한 막질로 되어 있다. 큰 포자낭은 바깥쪽 잎에 달리고 작은 포자낭은 안쪽 잎에 달려 암수한그루를 이룬다. 포자낭이 뿌리줄기 안쪽에 달려 포마치 캥거루가 새끼를 자신의 주머니 속에 간직하듯 배주머니에 넣어 물에 쓸려 가지 않도록 잘 보호하는 나름대로의 종족보전에 대한 전략을 가지고 있다.

2009년 식물분류학회지 2월호에 현재 우리나라에서 제주도를 제외한 전국에 자생하는 물부추는 참물부추의 오동정으로 물부추는 우리나라에서 완전히 멸종되어 자생하지 않는 것으로 판단하였다. 그리고 제주물부추 *I. jejuensis*와 한라물부추 *I. hallasanensis*를 새로운 종으로 발표하고 한라물부추는 고산 습지대에만 적은 개체가 생육한다고 발표하였다. 따라서 환경부에서는 2012년 그동안 멸종위기 식물로 지정하였던 물부추는 참물부추의 오동정으로 인정하고 참물부추를 멸종위기 보호종 지정후보종으로 발표하였다. 제주물부추나 한라물부추는 외관상으로는 구분이 어려우며 포자를 관찰하여야만 구분할 수가 있다.

참물부추는 양치식물이고 거기에 물에 살기 때문에 화려한 꽃도 없고 그렇다고 열매도 없어 관상가치가 별로 없다. 뿐만 아니라 아직까지 한방에서 한약재로 사용한다는 이야기도 찾아 볼 수 없고 그렇다고 부추처럼 나물이나 정력제로 사용되는 것 같지도 않다. 잘 자리지도 않아 다른 식물과의 경재에서 항상 밀려나는 참으로 가치 없는 식물이라고 할 수 있다. 이런 식물을 왜 법종보호 식물로 지정하여 보호하는지 의아해 할 수도 있다. 아무리 보아도 쓸모가 없는 식물이어서 환경론자들도 별 관심을 갖지 못한다. 1100고지에 살던 한라 물부추도 데크를 설치하면서 거의 유실되어 찾아보기 힘들어 졌으며 제주물부추도 물웅덩이들이 하나 둘 개발의 명목으로 사라지면서 역시 찾아보기 힘들어졌다. 하지만 세상에 쓸모가 없이 태어난 생물이 있을까? 내가 아직 존재의 가치를 모른다고 그 생물이 존재해야 할 이유가 없는 것은 아닐 것이다. 우리가 지금가지 흔적기관으로 여겨 왔던 많은 기관들, 예를 들면 갑상샘은 목의 한 가운데에 앞으로 튀어나온 물렁뼈의 아래쪽에 위치하는 기관이다. 전에는 흔적으로만 남아있는 필요없는 흔적기관이라고 하였지만 지금은 갑상선 호르몬을 분비하여 몸 전체의 장기의 활성을 조절하는 중요한 내분비기관으로 갑상선 암에 걸려 제거를 하게 되면 평생 동안 갑상선 호르몬을 섭취하여야만 하는 중요 기관이다. 우리 몸을 구성하는 모든 장기가 불필요한 것은 없다. 다만 아직 그 기능이나 역할을 잘 알지 못하는 것뿐이다. 마찬가지로 참물부추와 같은 식물들도 우리가 아직 지구상에 생존하여야 할 이유를 모를 뿐이지 없어도 되는 존재는 아니다. 지구상의 어떤 생물이나 인간이 필요없이 세상에 존재하겠는가. 모든 인간이 사랑받기 위해 태어나듯이 참물부추도 사랑받기 위해 존재한다.

제주물부추 : *Isoetes jejuensis*

4

제4장

멸종위기 육상식물 2012년 해제종

개느삼 | 콩과 *Sophora koreensis* Nakai

개느삼 학명의 어원은 속명(屬名)인 Echinosophora는 Echinatus(바늘이 있는, 가시가 있는)와 sophora (고삼)의 합성어이며, 종명(種名)인 Koreensis는 Koreanus(한국산이)라는 의미이다. 개너삼, 개능함, 개미풀, 느삼나무라고도 불리운다.

개느삼은 콩과식물로 줄기가 굵으며, 키는 1m 정도로 자라고 넓은 잎은 봄에 돋았다가 가을에 떨어지는 낙엽활엽교목이다. 수피는 짙은 갈색으로 잔가지에 털이 덮여 있다. 겨울눈 역시 털로 덮여 있다. 마주보고 붙은 잎은 13~31개의 날개모양의 겹잎이다. 5월에 가지 끝에서 나비모양의 노란색 꽃이 5~6개가 달리며 줄기의 끝부분이 약간 꼬부라지는 것이 특징이다. 열매는 7월에 익으면 안에 1~3개의 종자가 성숙하나 씨앗으로의 증식은 어려워 보이며 주로 땅 속의 줄기로 번식한다.

강원도 지역에 비교적 넓게 분포한다고 하여 보호종에서 해제되었다.

식물의 이름에 개를 붙이면 도움이 되지 않거나 약간 작다는 의미를 갖는데 약용으로 쓰는 고삼과 달리 약용으로 쓰이지 않는다고 하여 개느삼이라 하였다는 설과 중국원산인 골담초(*Caragana sinica*) 보다 크기가 약간 작다는데서 이름이 유래되었다고 하는 설이 있는데 아마도 후자일 가능성이 더 크다고 생각되어진다.

고삼이라고 하는 이름은 현초(眩草 어지러운 풀)가 가득 쌓였다는 의미로, 뿌리를 씹으면 쓴맛이 나는데서 붙여진 이름이다. 한방에서는 고삼(苦┌)이라고 하여 건위, 이뇨, 해열, 진통약으로 이용되고 있다.

고삼 : *Sophora flavescens*

개느삼은 추위와 건조에 강 한편으로 주로 평안남도, 함경남도, 강원도 양구 이북의 추운 지방의 볕이 잘드는 양지에서 군락을 형성하며 자란다. 개느삼은 우리나라에서만 자라는 특산식물일 뿐만 아니라, 양구 비봉공원 대암산 기슭에 자리잡은 임당초등학교 뒷산의 개느삼 자생지는 개느삼이 자랄 수 있는 남쪽한계선이 되므로 천연기념물 제 372호로 지정하여 보호하고 있다. 환경부 선정 보호야생동·식물, 산림청 선정 희귀 및 멸종위기 식물이기도 하다

북한에서는 개라는 접두어를 싫어하므로 느삼나무라고 부르며, 북창느삼나무 군락은 북한 천연기념물 52호로 지정되어 보호하고 있으며 몇 종의 우표도 발행하고 있다.

개느삼의 꽃을 보노라면 꽃모양이 아직 완성되지 않은 날개를 움직이며 나무둥지에서 어미의 먹이를 받아먹기 위해 부리를 한껏 벌리고 있는 새끼 새들의 모습이 떠오른다. 새끼 새들은 어미새가 돌보지 않으면 살아남을 수 없다. 개느삼은 주위에서 쉽게 볼 수 있는 식물은 아니다. 스스로 열매가 잘 맺히지 않아 종자로 번식이 매우 어렵기 때문에 스스로 독립하여 번식하기가 쉽지 않다. 하지만 땅속줄기로 뻗어나가는 특성이 있어 어미새가 새끼를 돌보듯 조금만 돌보아 주면 척박한 땅에서도 잘 자란다. 콩과식물이므로 콩과 마찬가지로 뿌리혹박테리아와 공생하여 공중질소를 고정하여 유기질소를 공급받을 수 있기 때문이다. 개느삼의 노란꽃잎이 어린아이들이 뛰어노는 모습같아 봄이면 유치원이나 유아원 아이들이 노란원복을 입고 옹기종기 손을 잡고 여기저기 소풍을 나와 종아거리며 뛰어노는 모습을 연상시킨다. 그 귀여움에 자신도 모르게 카메라에 담게 되는데 개느삼도 조금만 더 관심을 가져 주면 더욱 많은 사람들에게 사랑을 받을 수 있는 사랑스런 꽃이다.

갯대추

갈매나무과
Paliurus ramosissimus (Lour.) Poir.

갯대추는 키는 3m 정도로 낙엽성 작은 키 나무로 가지가 많이 갈라진다. 잎은 질감이 종이 같고 어렸을 때에는 털이 있다가 자라면서 사라진다. 잎은 강한 광택이 나며 3개의 맥이 뚜렷하다. 잎 가장자리에 톱니가 있으며 턱잎은 가시로 된다. 꽃은 양성화이며 황록색으로 6~8월에 가지 윗부분의 겨드랑이로부터 짧은 꽃자루를 내어 여러개의 꽃을 피운다.

제주도와 일본, 타이완, 중국에 분포한다. 도로공사나 해안의 매립, 쓰레기 투기, 삼림의 벌채, 채취 등으로 인해 개체수가 감소하여 환경부에서 멸종위기 2급 식물로 지정하였으나 개체군의 안정적 유지로 2012년 해제하였다.

우리나라에서 자라는 대추라는 이름이 붙은 종은 3가지로 대추나무, 묏대추나무, 갯대추나무이다. 대추나무는 전국의 어디서나 자라며, 낙엽 큰키나무이다. 묏대추는 키가 작으며 열매는 둥굴고 육질이 적다. 갯대추는 종류가 다르며 대추와 같은 열매가 달리지도 않는다. 그러나 잎이나 꽃, 가지의 모양이 대추나무와 비슷하고 주로 바닷가에서 잘 자라므로 붙여진 이름이다. 속명 Paliurus는 이뇨利尿의 라는 뜻이며 종명 ramosissimus는 가지가 많이 갈라진다는 뜻이다.

양반 대추 한 개가 아침 해장' 이라는 속담이 있을 정도로 몸에 좋으며 약을 달이거나 한방 건강식을 만들 때 빠뜨리지 않고 넣는 재료가 대추이다. 동의보감에 의하면 "말린 대추는 성질이 따뜻하고 맛이 달며 독이 없다. 오장을 보하고 12 경맥을 도와주며, 구혈을 통하게 하여 의지를 강하게 하고 여러 가지 약을 조화 시킨다. 또한 오래 먹으면 안색이 좋아지고 몸이 가벼

워지면서 늙지 않게 된다." 생대추는 장과 위를 보하고 살이 오르게 하며 기를 돕는다고 한다. "3년 묵은 대추씨의 가운데 알을 구워 먹으면 복통과 나쁜 기운을 다스리며, 대추나무 잎을 가루 내어 먹으면 살이 내린다"고 한다. 일본에서는 이뇨제와 이뇨약으로 쓰여진다.

갯대추는 대추처럼 먹을 것도 없고 별 쓸모도 없는 열매를 맺는다. 그러나 그것은 어디까지나 인간의 입장에서 생각한 것이고 갯대추 입장에서는 자신의 종족을 이어나가는데 있어서 최선의 전략을 세운 것이다. 열매의 모양이 얇고 넓적하게 생겨 물위에 잘 뜨도록 되어있으며, 또한 해수가 침투할 수 없는 구조를 가지고 있어, 종자가 해류의 흐름에 따라 운반되어 주로 바닷가에 분포하게 된다. 제주 해안에만 극소수가 자생하기 때문에 아직 사람들에게는 관심이 없는 수종의 하나이다. 그러나 같은 갈매나무과에 속하는 헛개나무가 요즈음 들어 약용으로 각광을 받듯이 언젠가 갯대추도 인간의 건강에 큰 역할을 담당할지도 모른다.

대추나무 : *Zizyphus jujuba* var. *inermis*

깽깽이풀

매자나무과
Jeffersonia dubia
(Maxim.) Benth. & Hook.f. ex Baker & S.Moore

깽깽이풀은 전국 숲에서 자라는 다년생 풀이다. 생육환경은 비옥한 토양, 반그늘 조건에서 자란다. 키는 20~30㎝ 정도이며, 잎은 둥근 심장형이고 가장자리는 물결모양이다. 연잎처럼 초소수성 미세입자로 구성되어있어 물이 잎에 묻지 않고 굴러 떨어진다. 그래서 꽃말이 '사양' 일까? 꽃이 피어도 일부의 잎이 모두 피지 않고 말려 있다. 꽃은 4월에 1~2개의 꽃줄기가 잎보다 먼저 나오고 끝에 홍자색의 꽃이 1개씩 달린다. 꽃잎은 6~8장이며, 개화 후 꽃잎은 약한 바람에도 쉽게 떨어지기 때문에 다른 꽃보다 빨리 꽃이 진다. 열매는 5~6월경에 끝이 부리처럼 생긴 타원형으로 달린다. 깽깽이풀의 잎 모양을 보면 연잎과 비슷하다. 그래서 황련이라고 부르기도 한다. 일본말로는 타츠다소우龍田草라고 부르는데, 일노전쟁때 군함 타츠다의 승무원이 가져왔다고 하여 붙여졌다고 한다. 속명은 미국의 3대 대통령 제퍼슨과 인연이 있어 보인다. 종명은 의심나는, 불확실한 이라는 뜻이다.

꽃이 아름다워 관상가치가 뛰어나고, 줄기와 뿌리는 베르베린(berberin) 이라는 성분이 있어 소화제나 지사제로 사용하기 위해 무분별하게 채취함으로 말미암아 자생지에서 빠르게 사라져감으로 인해 환경부에서는 멸종위기식물 2급으로 보호하였으나, 비교적 많은 자생지가 있으며 그 번식력이 높아 2012년에 멸종위기종에서 해제되었다. 꽃말은 설원의 불심, 사양이다.

자생지를 가보면 한 줄로 길게 자라는 것을 볼 수 있다, 이는 깽깽이 씨앗의 표면에 꿀샘이 있어 개미들이 이 꿀을 먹기 위하여 깽깽이의 씨앗을 물고 가다가 일부는 떨어뜨리고, 일부는

집으로 가져가고, 일부는 꿀만 먹은 뒤에 집밖으로 버리기도 함으로써 그곳에서 싹이 돋아나 일렬로 군락을 이루기 때문이라고 한다. 개미와 깽깽이의 멋진 공존 전략인 셈이다. 개미는 깽깽이로부터 맛있는 식량을 얻고, 깽깽이는 개미의 힘을 빌려 자신의 영역을 넓혀가는 것이다. 개미와 공존하는 식물은 깽깽이풀 외에도 족두리풀, 금낭화, 얼레지등 여러 종류가 있다. 도깨비바늘이나 진득찰 등은 동물의 털이나 몸에 붙어 씨앗을 퍼뜨리고, 겨우살이나 찔레, 산수유 등 많은 종류의 나무들은 새들의 먹이가 되어 새들이 이동하면서 배설하는 배설물에 의해 그 영역을 넓힌다. 흔히 지구상의 모든 생물은 환경이 변하면서 그 환경에 잘 적응하고, 약육강식에 의한 적자생존에 의해 힘이 센 것이 살아 남아 오늘날과 같은 생물로 진화되었다고 한다. 그러나 같은 종족 또는 타 종족간에 일시적인 경쟁은 있을 수 있지만 어떠한 생물의 종이든 경쟁만 가지고는 결코 살아남을 수 없다. 모든 생물들은 살아 남기 위한 생존 전략을 가지고 있다. 즉 공존과 공생이 그것이다. 그중에서도 식물과 동물간의 공존전략은 신비스럽기까지 하다.

학창시절 김민기씨가 작사, 작곡하고 양희은씨가 불렀던 "작은 연못" 이라는 노래가 생각난다.

"깊은 산 오솔길 옆 자그만한 연못엔 지금은 더러운 물만 고이고 아무것도 살지 않지만
먼 옛날 그 연못엔 예쁜 붕어 두 마리 살고 있었다고 전해지지요 깊은 산 작은 연못.
어느 맑은 여름날 연못 속에 붕어 두 마리 서로 싸워 한 마리는 물위에 떠오르고
여린 살이 썩어 들어가 물도 따라 썩어 들어가 연못 속엔 아무것도 살수 없게 되었죠
깊은 산 오솔길 옆 자그만한 연못엔 지금은 더러운 물만 고이고 아무것도 살지 않죠."

문득 나의 모습을 되돌아본다. 주님을 사랑한다고, 이웃을 사랑한다고 말로는 고백하면서 살고 있지만, 실제로는 두 마리 물고기와 다를 바 없는 나 자신을. 남을 험담하고, 질투하면서

해금(깽깽이, 위키백과)

나를 사랑해 달라고 아우성치는 나의 모습이 연못 속의 물고기와 다른 것이 무엇일까?

깽깽이는 해금의 별칭이다. 아악에서는 "깡깡이"라고 하는데 그것이 민간에서 깽갱이로 바뀌었다고 한다. 깽깽이풀은 바쁜 모내기철에 피는 꽃으로, 한가로이 깽깽이나 치면서 연회로 세월을 보내는 양반들을 빗대어 한 말이라고 한다. 화는 나지만 술과 연인들로 흥청흥청되는 양반들을 참을 수밖에 없어 죄 없는 꽃에다 화풀이를 한 모양이다. 예나 지금이나 노는 사람과 일하는 사람은 따로 있나 보다. 물론 요즈음엔 양반이라는 명칭은 없어졌지만 그래도 먹고 놀려는 양반들이 많은 건 사실이다. 예수님은 "일하지 않는 자는 먹지도 말라" 하셨고, 잠언서에는 "게으른자여 개미에게 가서 그가 하는 것을 보고 지혜를 얻으라"는 기록도 있으며, 우리의 속담에도 "게으른 선비 책장 넘기기" 라는 말이 있다. 글 읽는데 마음 두지 않고 책장만 뒤적인다는 뜻이다. "게으른 일꾼 밭고랑 세듯"이라는 말과 같은 말로 일은 하지 않고 그 분량만 헤아리는 사람을 이르는 말이다. 요즈음 보이스피싱으로 피해를 보는 사람들이 많음을 본다. 땀 흘려 일하지 않고 남의 것을 쉽게 빼앗는 것을 능력으로 생각하는 시대인 것 같다. 그럼에도 불구하고 '아직은 안심하세요' 하며 작은 수확이지만 땀 흘려 일하여 얻은 것으로 행복해하는 사람들도 주위에 많음에 감사를 드린다.

노랑무늬붓꽃

붓꽃과

Iris odaesanensis Y.N.Lee

노랑무늬붓꽃은 붓꽃과에 속하는 여러해살이풀이다. 붓꽃은 세계적으로 300여종이 분포하며 우리나라에는 2속 14종이 자라는 것으로 알려져 있다. 프랑스의 국화이며 미국 테네시주의 주화이다. 예수가 탄생하기 2000년 전의 이집트 벽화에 붓꽃이 그려져 있으며, 지중해 주변과 이스라엘에 아름다운 붓꽃이 많이 분포한다. 노랑무늬붓꽃은 오대산에서 처음 발견되었다고 하여 종소명이 오대산엔시스(odaesanensis)이고, 어떤 도감에서는 '흰노랑붓꽃' 이라 부르기도 한다. 이 노랑무늬붓꽃은 오대산 이외에 태백산이나 소백산, 주왕산 등에서 만날 수 있는 희귀식물로 멸종위기식물로 지정되었으나 다행이 보존이 잘되어 2012년 해제되었다.

노랑무늬붓꽃은 산에서 자란다. 노랑붓꽃에 비해 꽃은 흰 바탕에 노랑 무늬가 있고 잎은 약간 넓다. 뿌리줄기는 옆으로 뻗고 4~5월에 백색의 꽃이 피고 꽃줄기 끝에 3개의 포가 2개의 꽃을 싸며 꽃의 지름은 3~4cm이다. 암술대는 3개로 갈라져 꽃잎처럼 보인다. 종자와 포기나누기로 비교적 증식이 잘 된다. 관상용으로도 부족함이 없는 주로 중부이북지역에 분포한다.

서양이름은 아이리스 즉 "무지개의 여신"이라는 뜻으로 붓꽃은 아름다우면서도 여자처럼 변화가 심하다고 하여 붙은 말이라고 한다. 창세기에 "내가 내 무지개를 구름 속에 두었나니 이것이 나의 세상과의 언약의 증거니라" 하시고 "다시는 물이 모든 혈기 있는 자를 멸하는 홍수가 되지 아니 할지라"라고 약속하신 말씀이 나온다. 그래서 무지개는 '기쁜소식' 이다.

봄이 되면 하루가 다르게 산의 빛깔이 초록빛으로 바뀐다. 이때쯤이면 붓꽃, 꽃창포 등에 비해 상대적으로 키가 작은 붓꽃들이 먼저 꽃을 피운다. 보랏빛의 각시붓꽃이 가장 흔하고, 노란빛의 금붓꽃도 어렵지 않게 볼 수 있다. 중부이북의 산의 정상에 오르면 붓꽃집안의 '인물' 인 '노랑무늬붓꽃' 을 만날 수 있다. 키가 작고 무더기로 자라기 때문에 지피용으로 식재하거나 분에 담아 키우기에 좋은 식물이다.

붓꽃류는 종자는 통틀어서 마린자(馬藺子)라고 하며 황달, 이질, 지혈작용(코피, 자궁수축)에 처방하고, 꽃은 마린화라 하여 인후염, 토혈이나 코피를 멈추고 이뇨작용이 있다고 하며, 뿌리인 마린근은 청혈, 해독작용이 있다고 알려져 있다.

노랑붓꽃 : *Iris koreana*

각시붓꽃 : *Iris rossii*

둥근잎꿩의비름

돌나물과
Hylotelephium ussuriense (Kom.) H.Ohba

둥근꿩의비름은 계곡의 바위틈에서 자라는 여러해살이 다육식물이다. 몇 개의 굵은 뿌리가 있고 밑으로 처지며 붉은빛이 돈다. 높이는 15~25cm이다. 잎은 마주나며 달걀 모양 원형 또는 타원형이다. 잎자루는 없고 가장자리에 불규칙하고 둔한 톱니가 있다. 꽃은 7~8월에 피며 짙은 홍색빛을 띤 자주색으로 줄기 끝에 둥글게 모여 달린다.

비교적 높은 절벽에서 자생하며 자생지역이 강원, 충북, 경북 등 여러지역에 확인되어 보호종에서 해제되었다.

Sedum속은 북반구에 분포하는 다육식물로 약 400여종이 있다. 물을 보전하는 잎을 가지고 있으며, 꽃잎은 5장이다.

매력적인 모습과 튼튼함 때문에 재배식물로 많이 경작된다. 혀가 짜릿한 맛을 가지며 어느 정도 유독하다. 고대 그리이스에서는 유산을 유발하는데 사용하기도 하였으며 점막, 아픔, 마비와 호흡마비 등을 일으킬 수도 있다.

잎이 둥근모양인 '둥근잎꿩의비름' 은 세계에서 유일하게 우리나라에만 자생하는 한국 특산야생화라고 하지만, 일본의 북부지방에서도 발견되었다고 한다. 자생식물 중 꿩의비름 만큼 쓰임새가 많은 것도 드물다. 돌나물과 같은 일부 종은 나물로 먹을 수 있으며 기린초와 같은 일부 종은 추위에 강하며 건조 내성을 가지고 있으며 번식이 잘 되는데다 장소를 가리지 않고 어디서든 잘 자라기 때문이다. 영국 등에서는 옥상이나 돌담의 녹화식물로써 많이 이용된다. 꽃이 아닌 잎만으로도 충분히 즐길 수 있는 식물이기도하다. 둥근잎꿩의비름은 씨로도 번식이 잘되며, 어느 때든 줄기를 잘라 모래에 꽂으면 쉽게 새 뿌리를 내린다. 연중. 화분에 심어 약간 높은 곳에 올려놓거나 아파트 베란다에 잎줄기를 아래로 늘어 뜨려 걸이용으로 배치하면 잘 어울린다. 바위틈이나 건조한 곳에서도 '토착' 화가 쉬워 아주 잘 자라며 조화를 잘 이루는 식물이다. 모양도 예쁘지만 빼곡히 달리는 꽃이 참으로 예뻐 누구나 쉽게 '친숙' 해 지는 야생화이다.

선인장이나 꿩의비름처럼 몸에 수분을 많이 가지고 있는 식물을 다육식물이라고 한다. 다육식물들은 비가 오지 않고 가뭄이 계속되는 것을 대비하여 자신의 몸에 물을 최대한 저장하고, 환경이 악화되면 표면적을 최대한 줄이며, 햇빛이 비치는 한낮에는 기공을 닫아 물이 증발되는 것을 최대한 막으며 살아간다. 몸을 최대한 줄이다 보면 다 죽은듯이 보이지만 비가 내리면 순식간에 수분을 흡수하여 본래의 모습으로 돌아가 성장하고 꽃을 피운다. 사람이 따라갈 수 없는 생존전략이다.

대부분의 사람들은 며칠간 먹지 못하는 것을 견디지 못하는 것은 그렇다고 하더라도, 남보다 더 많이 먹고 더 맛있는 것을 먹지 못하는 것을 견디지 못하는 식탐증에 걸려있다. 잡초로 생각하는 들풀보다 못한 삶을 살고 있지 않는지 다시 한 번 자신을 돌아본다.

기린초 : *Sedum kamtschaticum*

큰꿩의비름 : *Hylotelephium spectabile*

망개나무

갈매나무과
Berchemia berchemiifolia (Makino) Koidz.

망개나무는 낙엽큰키나무로 산골짜기에서 약 15m까지 자란다. 나무껍질은 회갈색으로 세로로 깊은 골이 있다. 잎은 어긋나며 2장씩 붙는 것이 특징이다. 긴 타원형이며 끝이 뾰족하다. 잎 표면은 약간 푸른기가 있는 녹색이며 뒷면은 분록색이다. 가장자리는 물결 모양의 톱니가 있거나 밋밋하다. 꽃은 잎겨드랑이에서 작은 황색의 꽃을 6~7월에 계속하여 꽃을 피운다. 암수딴꽃으로 암수한그루이며 연한 녹색이다. 열매는 긴 타원형이며 길이가 약8mm 정도로 검은빛을 띤 붉은색으로 익는다.

속명 Berchemia는 먹넌출속의 축소형이란 뜻으로 프랑스 식물학자 Berchem의 이름에서 유래하였다. 종명 berchemiaefolia는 "먹넌출속과 같은 잎의" 라는 뜻이다. 한국, 일본, 중국 중부에 분포하나 세계적으로 드문 수종으로 속리산 탑골암이나 괴산 사담리 의 망개나무는 천연기념물 207호와 266호로 지정되어있다. 꽃은 중요한 밀원식물이나 집단 서식지가 거의 없어 큰 의미가 없다. 또한 같은 종족끼리의 근친수분이나 자가수분에 의해 교배가 이루어지므로 세대가 바뀌면서 자식약세自殖弱勢 현상에 의한 열성형질이 쌓여 성장과 번식력이 점점 쇠퇴하여 스스로 자연에서 다른 식물과의 경쟁에서 밀려나 그 수가 차츰 소멸되어가고 있다. 가을에는 노란 단풍이 든다. 관상용이나 땔감으로 쓰며 나무가 단단하고 비교적 곧게 자라므로 농기구나 조각재로 사용된다.

유사 식물로 까마귀베개속의 까마귀베개가 있다. 열매는 녹색, 황색, 적색, 흑색의 순으로 익어간다. 망개나무의 잎차례는 한번 씩 번갈아가며 마주보고 어긋나지만, 까마귀베개는 왼쪽 왼쪽, 오른쪽 오른쪽으로 두 장씩 번갈아가며 마주보고 어긋나는 방식이다. 열매가 길고 가운데가 약간 잘룩하며 열매가 익으며 까마귀처럼 까맣게 되므로 까마귀베개라고 한다. 일본명 네꼬노치치猫

の乳(ネコノチチ)는 열매의 모양이 고양이의 젖꼭지처럼 생겼다고 하여 붙여진 이름이라고 한다.

1924년 2월 17일 이집트의 투탕카멘의 무덤이 개봉되고 화려한 유물들이 쏟아져 나왔다,. 그런데 재미있는 것은 2010년 DNA의 검사결과 투탕카멘의 아버지가 이크나톤(미라 KV55)이고 그의 누이(미라 KV35YL)가 그의 아내로 투탕카멘의 어머니라는 사실이 밝혀졌다. 2010년 내셔널 지오그래픽 10월호에서는 그의 부모의 근친결혼 때문에 유전자 결함이 생겼고 그로 인해 적혈구성 빈혈로 죽었다는 기사가 실렸다. 또한 투탕카멘의 아내도 그의 이복동생이었다고 한다. 근친결혼이 많았던 영국 빅토리아 여왕의 가계에서도 혈우병이 많았다. 오스트리아 합스부르크 왕가의 카를로스 2세도 35년이라는 재위 기간을 누렸지만 실제로는 근친결혼의 희생자이다. 오늘날의 학자들은 그가 합스부르크 왕가의 오랜 근친결혼 풍습 때문에 조상의 정신질환인자가 강화되어 매우 병약하게 태어났으며, 거기에 말단비대증과 선천성 매독으로 인해 재대로 성장하지 못하고 오랜 유아 기간을 거쳐 바로 병적인 조로 상태로 들어가면서 생을 마감했다고 한다. 자연계에서는 식물이나 동물이나 가능하면 자가수정을 억제하고 타가수정을 함으로써 자식약세현상을 줄이고 종의 다양성을 유지하여 변하기 쉬운 환경에 대응하여왔다. 인간만이 자신의 우수성이나 혈통의 우수성 그리고 자신의 생각과 의견만을 강조한 나머지 다른 만족이나 혈통을 무시하고 나와 다른 생각을 받아들이지 않음으로 말미암아 히틀러와 같은 인간이 나타나 인류에 큰 재앙을 끼칠 뿐만 아니라 스스로 멸망의 길을 걷게 된다. 다른 집단 또는 사람과의 관계를 가질 수 없게 되거나 무시할 때 스스로 쇠퇴하여 간다는 것을 망개나무를 통하여 되돌아 볼 일이다.

까마귀베개 : *Rhamnella franguloides*

박달목서

물푸레나무과
Osmanthus insularis Koidz.

박달목서는 늘푸른나무로 키는 15m 까지 자란다. 가지는 회색이고 작은가지는 다소 편평하며 털이 없다. 잎은 마주나고 긴 타원형이다. 잎은 두껍고 딱딱하며 광택이 있다. 잎맥은 표면에서 들어나지 않고 가장자리는 밋밋하지만 어린 가지에서는 다소 톱니가 있다. 꽃은 10～11월에 피고 흰색이며, 잎겨드랑이에 모여 달리고 단성화이다. 열매는 타원형이며 다음해 5월에 검은색으로 익는다. 속명 Osmanthus는 꽃에 향기가 있다는 의미를 갖는다.

박달목서란 박달나무와 같이 목재가 단단하기 때문에 박달목서木犀라고 했다는데, 목서를 국어사전에서는 물푸레나무라고 한다. 그러나 서犀는 코뿔소라는 의미로 코뿔소와 비슷하다고 하여 목서라고 한다고도 한다. 한국(거문도), 일본에 분포한다.

유사식물로 구골나무와 은목서와 금목서가 있다. 구골나무는 자생종이며 은목서와 금목서는 모두 중국 원산으로 국내에는 자생하지 않으며 식물원에서나 볼 수 있다. 은목서와 금목서는 박달목서보다 한 달 정도 일찍 피며, 구골나무는 박달목서와 마찬가지로 꽃은 10~11월에 피며 잎겨드랑이에 모여 난다. 박달목서와 구골나무는 수술대가 길며 구골나무는 꽃잎이 뒤로 제쳐 진다. 은목서와 금목서는 수술대가 짧은 것이 특징이다.

박달목서나 구골나무 그리고 은목서는 대부분의 나무들이 긴 여름 겨울을 준비하려고 하는 가을에 들어서면서 꽃을 피운다. 뿐만 아니라 잎겨드랑이에서 뭉쳐 피는 꽃들은 강한 향을 10리 이상 까지 발산하므로 꽃이 없는 계절에 사람들의 발을 끌어당기기에 충분하다. 향기 때문에 예부터 시인들이 '목향' 이라 하여 좋아하던 꽃이다. 선비들이 모여 앉아 목서의 꽃가지를 돌리다가 북소리를 멈출 때 꽃가지를 가진 사람이 시를 한 수 짓고 벌주를 마셨다는 이야기가 있는데, 이는 지금의 수건돌리기 놀이와 같은 것이었을 것이다. 어느 누구든 이 꽃의 향기를 맡는다면 '그대의 마음을 끈다' 는 꽃말처럼 '겸손' 하여지고 마음이 끌리지 않을 수 없을 것이다. 중국어로는 銀桂은계, 은목서, 刺桂자계, 구골나무, 丹桂단계, 금

목서로 표시되며 모두 계수나무란 의미를 가지고 있어 옛 문헌에는 계수나무로 기록되어있는 경우가 많다. 하늘에 있던 계수나무의 꽃향기가 땅에서 자라난 나무라고도 하며, 달콤한 향이 최음효과가 있어 여인에게 사랑을 하기에 그만이라는 꽃, 사랑하는 연인끼리 차에다 꽃을 넣어 마시면 더없는 사랑의 언어를 나눌 수 있다는 꽃이다. 중국의 항주는 계수나무가 시화이며, 계수나무가 가득한 만농계우「「桂雨(만농의 계수나무 꽃비)가 서호10경으로, 만각농 마을은 매년 9, 10월에 서호 금빛 가을 계수나무 꽃 축제를 거행한다고 한다.

세상 모두가 나에게 사랑이 없음을 아우성친다. 나에게 나누어 줄 사랑 없어 탄식하는 소리가 들려온다. 세상이 번민함은 나에게 사랑이 없기 때문이요. 나의 손을 펴서 사랑하길 원하지 않기 때문이다. 고통과 근심 걱정 많음도 나에게 사랑이 없기 때문이다. 세상사람 나에게 실망하는 것도 나에게 사랑이 없기 때문이다. 세상에 우상이 많아지고 이단이 많아짐도 나에게 사랑이 없기 때문이요. 나에게서 사랑을 기대할 수 없기 때문이다. 사람들의 영혼이 피폐하고 기갈이 듬도 나에게 사랑이 없기 때문이요. 아이들의 왕따와 폭력도 내가 사랑을 주지 않기 때문이다. 사방에서 들려오는 사랑의 요구, 나의 사랑을 나누어 주길 원한다. 모든 꽃이 그 향기를 다하여 가는 시기에 홀로 향을 피우기 시작하는 박달목서처럼.

은목서 : *Osmanthus xfortunei*

금목서 : *Osmanthus fragrans* var. *aurantiacus*

솔나리

백합과
Lilium cernuum Kom.

솔나리는 높은 산의 능선이나 정상부(해발 800m 이상)의 바람이 잘통하고 햇볕이 잘드는 풀밭이나 바위틈에 자생한다. 비늘줄기(구근)를 갖는 여러해살이 풀이다. 줄기는 가늘고 단단하며 높이는 70cm 정도까지 자란다. 비늘줄기는 달걀 모양 타원형이다. 잎은 어긋나고 다닥다닥 달리며 폭이 좁아 솔잎 모양이나 가장자리가 밋밋하다. 꽃은 7～8월에 짙은 분홍색으로 줄기 끝이나 가지 끝에 1～6개가 아래를 향해 피며, 안쪽에 자줏빛 반점이 있고 화피가 뒤로 말린다. 암술이 수술보다 길게 밖으로 나온다. 식용이나 약용으로도 사용한다.

유사식물로 백두산에 피는 큰솔나리 *Lilium tenuifolium* 가 있다. 큰솔나리는 3~15송이의 붉은색 꽃을 피운다.

매년 7월 말이면 곱고 고운 얼굴을 분홍빛으로 화장하고 다소곳이 나를 기다리는 '새아씨'를 만나러 힘든 산을 땀을 뻘뻘 흘리며 남덕유 높은 봉우리를 오른다. 산이 험해 젊은 장정들도 오르기가 만만치 않지만 두 다리가 지쳐 풀릴쯤 이면 구름도 쉬어간다는 그곳 풀밭과 바위 틈에서 수줍은 듯 고개를 숙이고 향긋한 향을 풍기며 기다렸다는 듯 지친 나를 반긴다. 올해도 '변하지 않는 사랑' 으로 반기는 그 미소와 멋들어진 자태는 땀으로 뒤범벅이 된 나의 얼굴에 함박웃음과 환희의 외침으로 한걸음에 뛰어가 눈맞춤을 하게 한다. 나는 인생살이에서 지치고 힘들어 포기하고 싶을 때면 이 '새아씨' 를 품었을 때의 환희를 기억하며 모든 것을 잊고 새로운 힘을 낸다. 세상의 그 누가 이 새아씨처럼 변함없는 사랑으로 나를 반갑게 맞아줄 것인가? 이 새아씨를 만나보지 못한 사람은 알 수 없다. 산을 오를 수 있을 때까지 내년에도 또 내년에도 오를 것이다.

솔이란 말은 우리말로 으뜸이나 빼어나다는 듯으로 쓰인다. 소나무는 나무 중에서 으뜸이요, 솔나리는 들꽃 중에서 으뜸이 아닐까? 솔로몬도 솔자가 들었으니 인간중의 으뜸이라 해도 될 것 같다. 그러나 "솔로몬의 모든 영광으로 입은 옷이 들의 백합화보다 못하다"라는 예수님의 비유를 들지 않더라도 세상의 그 무엇으로 그 무슨 단어로 이 꽃의 아름다움에 비유할 수 있을까?

백두산 꽃 탐사길 용정에서 도문으로 가는 길의 절벽에 북한땅을 향해 피어나는 붉은 꽃이 내 눈길을 끌어 차를 멈추고 다가가 보니 바로 큰솔나리이다. 눈앞에 두만강을 경계로 북한 땅을 바라보며 짙은 피를 토하는 것만 같은 붉은 빛의 큰솔나리, 큰솔나리를 배경으로 북한 땅을 담아보려 애를 쓰는 함께한 분들의 모습을 보면서 알 수 없는 슬픔이 가슴을 짓누른다.

구중궁궐에서 귀한 분들의 사랑을 차지하기 위해
온갖 아름다움과 교태로 유혹하는 모습이 싫어
구중궁궐 부귀영화 마다하고

높은 산 험한 바위틈을 찾아
홀로 눈 비 바람 가녀린 줄기로 견뎌가며
긴 목을 내밀고 오랫동안 기다렸다는 듯

젖과 꿀이 흐르는 땅이
권위와 영광과 아름다움이
변하지 않는 사랑이 향기 되어 나온다

큰솔나리 : *Lilium tenuifolium*

도문에서 북한 땅을 바라보며

솜다리

국화과
Leontopodium coreanum Nakai

솜다리는 고산에 자라는 여러해살이 풀이다. 키는 25cm정도. 온몸이 회백색의 털로 덮여있다. 잎은 가장자리가 밋밋하며 뿌리에서 나온 잎은 모여 나며, 줄기의 잎은 어긋난다. 꽃은 줄기 끝에 밀생하고 6~7월에 연한 노란색의 꽃을 피운다. 속명 Leontopodium은 그리스어 leon(사자)과 podion(발)의 합성어로 꽃의 모양이 사자의 발과 비슷하다고 하여 붙여졌다. 잎 끝에 뾰족한 돌기가 있는 것은 산솜다리 *L. leiolepis*, 잎 표면에 털이 거의 없는 것은 왜솜다리 *L. japonicum* 이다. 외국에서는 *L. alpinum*을 에델바이스라고 한다.

우리나라에서도 sound of music 이라는 영화가 상영되고 거기에 주제곡으로 나오는 에델바이스라고 하는 노래가 유행하면서 솜다리를 에델바이스라고하여 남획하여 쉽게 볼 수 없게 되었다. 조금은 창피한 얘기이지만 대학시험을 보러 간 날 저녁 하숙집에서 혼자 무료하여 가까운 극장에서 상영된 이 영화를 보러갔던 기억이 난다. 아마 부모님이 아셨다면 놀라 야단맞았을 일이지만. 시험보기 전날 영화를 보러 가는 녀석이 요즈음도 있을까? 그 후 이 영화를 아마 서너 번 이상은 보았던 것 같다.

오스트리아가 이차대전으로 독일군에 점령당한 조국을 보며 노래한 노래, 36년간 일제의 지배하에 있었던 이 민족이기에 더욱 이 노래가 우리의 봉선화만큼이나 가슴에 와 닿았는지도 모른다. 조국을 잃고 또한 동족끼리의 무서운 살상의 전쟁을 겪은 이 민

설악솜다리 : *Leontopodium seorakensis*

족이다.

그럼에도 아직도 남북간에 그리고 지역 간에 사상의 갈등을 겪으며 계층 간의 불신 속에서 혼돈과 혼란으로 고통을 받고 있다. 서로 믿지 못하고 찢겨져가는 아픔을 누가 무엇으로 어루만질 것인가?

Edelweiss, Edelweiss, **에델바이스, 에델바이스,**
Every morning you greet me. **매일 아침마다 나를 반겨주네.**
Small and white, clean and bright, **작고 하얀, 깨끗하고 밝은**
You look happy to meet me. **나를 만나 행복해 보이는 구나.**
Blossom of snow, may you bloom and grow,
눈 속에 피는 꽃, 언제나 활짝 피고 무럭무럭 자라서,
Bloom and grow forever. **활짝 피고 영원히 자라나서.**
Edelweiss, Edelweiss, **에델바이스, 에델바이스,**
Bless my homeland forever. **우리나라를 영원히 축복주렴.**

2012년 환경부에서는 솜다리는 왜솜다리와 같은 종으로 간주하여 자생하지 않는것으로 보았다. 대신에 2012년 식물분류 학회지 제42권 2호에서 설악솜다리를 신종으로 발표하였다. 솜다리를 우리나라에서 멸종위기 보호식물에서 삭제하는 대신에 한라솜다리를 멸종위기 보호식물로 지정하였다.

산솜다리 : *Leontopodium leiolepis*

왜솜다리 : *Leontopodium japonicum*

애기등

콩과
Wisteria japonica Siebold & Zucc.

애기등은 낙엽활엽의 넝쿨성 목본이다. 줄기는 가늘고 연약하며 길이가 3m에 달하고 어린 가지에 털이 있다. 오른쪽으로 감고 올라가며 자란다. 잎은 어긋나고 9~15개의 작은 잎으로 구성된 깃털 모양 겹잎이며, 잎 양면에 털이 없고, 턱잎은 바늘 모양이며 작다. 꽃은 7~8월에 잎겨드랑이에 흰색으로 핀다. 기판(旗瓣:콩과 식물 꽃의 화관을 구성하는 다섯 개의 꽃잎 중 가장 바깥쪽에 있는 가장 큰 꽃잎) 밑 부분에 부속체가 없다. 여름에 꽃이 핀다고 하여 하등 夏藤이라고도 한다. 유사식물인 등나무에 비해 키도 작고 잎이나 열매도 아주 작다. 또한 잎에 털이 없다. 등나무는 크기가 10m에 달하며 잎에 털이 있고 꽃이 5월에 잎과 함께 청자색으로 핀다.

남부지역에 넓게 분포하는 애기등은 크기가 작을 뿐 등나무가 갖는 모든 특징을 가지고 있다. 우선 콩과식물이므로 살고 있는 곳이 거름지지 않다고 불평하지 않고 잘 자란다. 뿌리혹균과의 공생에 의하여 필요한 질소분을 뿌리혹균으로부터 공급받아 자라기 때문이다. 또한 칡처럼 주위의 식물들과 경쟁하기보다는 손쉽게 주위의 나무를 감고 타고 올라가 그 나무가 받아야 할 빛을 모조리 빼앗아 버린다. 빛을 빼앗긴 나무는 광합성을 제대로 하지 못해 비실비실하다가 심하면 죽는다. 경주시 오류리에 있는 천연기념물 89호인 팽나무는 등나무에 얽혀 빛을 차단당해 광합성을 충분히 하지 못해 비실비실하였다. 이를 보다 못한 문화제청에서는 등나무줄기를 위한 철재지주를 따로 세워 강제로 팽나무로부터 떼어 놓았을 정도이다.

우리가 사용하는 용어에 갈등葛藤이라는 단어가 있다. 칡과 등나무처럼 서로 얽히고 설켜 혼란스럽고 화합하지 못한다는 뜻이다. 오직하면 인간의 충돌을 칡과 등나무로 표현 하였을까? 얽히면 풀기 어렵다. 요즈음 우리사회는 온통 갈등만이 있을 뿐 소통이 없다고 한숨이다. 남북문제, 영호남 문제, 진보와 보수의 대결, 빈부격차. 새터민과 다문화가정의 부적응, 종교문제와 같은 큰 이슈들 뿐 아니라 따돌림, 부부간의 갈등, 고부간의 갈등, 부자간의 문제, 더 나아가서 자신 속에서 욕심과 양심과의 갈등 즉 내적 갈등 등 모두 다 기록할 수가 없다.

서로가 다른 요구나 욕구가 생김으로 말미암아 한쪽을 선택하지 못하고 서로 자기주장만 함으로써 서로가 괴로움을 갖게 된다. 이러한 작은 갈등이 죽음에 이르게도 한다. 옛 선비들은 자연 특히 식물의 모습을 보고 거기서 지혜를 찾았다. 소나무에서는 지조를, 매화에서는 인품을, 국화에서는 은은한 향을 풍기는 마음을, 석창포에서는 절개를 보았다. 그런가 하면 등나무는 선비들이 가장 싫어했던 나무이다. 중종 32년(1537) 김광진이 올린 상소문에 "대체로 소인들은 등나무 덩굴과 같아서 반드시 다른 물건에 의지해야만 일어설 수 있는 것입니다"라고 했고 역시, 중종 34년(1539) 이언적의 상소문에도" 군자는 소나무나 측백나무와 같아서 홀로 우뚝 서서 남에게 의지하지 않지만, 간사한 사람은 등나무나 겨우살이 같아서 다른 물체에 붙지 않고는 스스로 일어나지 못합니다"라고 하여 가장 멸시하던 소인배에 비유하였다. 그러나 등나무처럼 쓰임새가 많은 나무도 드물다. 봄에는 아름다운 꽃과 향기로 기분을 상쾌하게 해주며, 여름에는 그늘을 만들어 뜨거운 햇빛을 피하게 하고, 줄기는 단단한 지팡이로, 가지는 바구니를 엮어서 사용하였다. 중국에서는 rantan (등藤)이라는 나무로 갑옷을 만들기도 하였으며 우리나라에서 한때 유행하던 등가구를 만드는데 사용하였는데 이 나무는 우리나라의 등과는 다른 대나무와 비슷한 덩굴성 식물로 한자가 비슷하여 혼동하고 있다.

등 : *Wisteria floribunda*

자주솜대 | 백합과 *Smilacina bicolor* Nakai

자주솜대는 산지에 사는 여러해살이 풀이다. 높이 30cm 내외이고 전체에 거의 털이 없다. 뿌리줄기는 굵고 옆으로 벋으며 마디가 있다. 줄기는 반듯이 서고 상부가 비스듬히 올라간다. 잎은 어긋나며 타원형 또는 넓은 타원형으로 잎자루가 짧다. 꽃은 6월에 처음에는 연녹색이지만 차츰 자주 빛이 도는 검은색으로 변한다. 수술은 6개이고 씨방은 3실이며 암술대의 끝이 둥굴다. 유사식물인 민솜대는 연녹색의 꽃을 피우며 꽃의 색이 변하지 않는다.

솜대라는 이름은 온몸에 털이 많고 뿌리줄기가 옆으로 뻗어 나가는 것이 대나무가 자라는 모습과 비슷하여 붙여진 이름이다.

덕유산 등 새로운 자생지가 많이 발견되고 있어 보호종에서 해제되었다.

솜대속에는 자주솜대나 민솜대 그리고 주변에서 흔히 볼 수 있는 풀솜대가 있다. 이들은 모두 지장보살이라고 부르기도 한다. 보릿고개가 되면 먹을 것이 없어 서민들의 고통이 심했던

시절에 절에서 스님들이 솜대를 넣고 죽을 쑤어 서민들에게 나누어 주어 춘궁기를 넘기게 하였는데, 솜대가 중생을 구제했다고 하여 지장보살이라고도 부른다고 한다. 한편으론 솜대에서 나는 냄새가 절에서 피우는 향과 비슷하여 지장보살이라고 하였다고도 하며, 불화속의 지장보살이 들고 있는 꽃이 솜대의 꽃일 것이라고 하여 지장보살이라고 한다고도 한다. 지장보살은 지옥의 고통을 받으며 괴로워하는 중생을 모두 성불시키기까지는 자신은 성불成佛하지 않겠다고 맹세를 하고, 지장보살에게 귀의하면 전생의 업에 의해 이미 결정된 업도 소멸시킬 수 있으며, 중생을 무한으로 용서하여 열반의 세계로 인도한다고 한다. 더 나아가 지장보살은 지옥문을 부수어 그 속에서 고생하는 중생을 극락의 세계로 인도한다고 한다. 지장地藏은 대지의 자궁이라는 뜻으로 대지를 감싸고 있는 보살, 즉 대지에 살고 있는 모든 생물을 성장시키고 지키는 덕을 지니고 있다는 뜻이라고 한다.

벼과식물에도 솜대라고 하는 식물이 있다. 솜대는 약 60년을 주기로 꽃이 피어 결실한 후에는 고사한다고 한다. 줄기는 처음에는 하얀가루가 덮인 연한 녹색이었다가 차츰 황록색으로 변하므로 솜대 또는 분죽 이라고도 한다. 이 솜대 즉 분죽 이라고 하는 솜대와 여러해살이 풀인 솜대와는 뭐가 비슷해서 같은 이름을 가진 것일까? 하긴 분죽도 여러해살이 풀이고 솜대의 꽃도 하얀 가루가 덮인 것 같은 연한녹색이거나 흰색의 꽃을 피우니 비슷하기는 하다.

솜대의 꽃말은 '나는 당신을 믿습니다' 이다. 과연 나는 당신을 믿는다는 말을 할 수 있는 사람이 나에게는 몇이나 될까? 또 나를 믿는다고 하는 사람은 몇이나 될까? 다른 사람이 나를 믿는다는 말을 듣기는 좋아하지만, 참으로 언제나 변함없이 믿을 수 있는 그런 삶을 살고 있는 것일까? 우리의 삶 자체가 믿음에 근거하지 않는다면 모든 것이 허구일 것이다. 우리는 서로 믿고 살아야한다. 그럼에도 불구하고 인간의 믿음은 어떤 절대적인 가치 기준이 없기에 자신의 가치 기준이 변하면 그 믿음도 변하고 만다. 자주솜대의 꽃이 처음에는 연녹색이었지만 차츰 검은 자주색으로 변해 가듯 나의 가치기준의 변화에 따라 손익계산서가 변하고 그에 따라 다른 사람을 향한 나의 믿음도, 또 나를 향한 다른 사람의 믿음도 조금씩 변해가고 있는 것은 아닐까? 자주솜대는 자신을 지켜달라고 지금도 '나는 당신을 믿는다' 고 소리치지만, 사람들은 자주솜대가 조금 많아졌다고, 혹은 여기저기에서 보인다고 멸종위기 보호식물에서 해제시켜 버렸다. 가치기준의 변화다.

민솜대 : *Smilacina dahurica*

큰연영초

백합과
Trillium camschatcensa Ker Gawl.

큰연영초는 울릉도를 중심으로 깊은 산 숲속에서 자라는 여러해살이 풀이다. 키는 약 30cm이다. 뿌리줄기는 짧고 굵은 부리줄기가 땅속깊이 들어간다. 줄기 끝에 넓은 달걀모양의 3장의 잎이 돌려난다. 꽃은 5~6월에 잎 사이에서 꽃줄기가 자라 한 개의 흰 꽃이 옆으로 핀다. 꽃받침과 꽃잎은 각각 3개이며 긴 달걀 모양으로 끝이 뾰족하며 꽃잎이 꽃받침보다 약간 길다. 수술은 6개, 암술대 끝은 3갈래로 갈라지며 뒤로 젖혀진다. 잎은 연영초보다 크며 꽃은 작으며 씨방이 연영초는 연노랑색이지만 큰연영초는 검정색으로 쉽게 구별된다. 일본에서는 같은 학명을 갖는 *Trillium tschonoskii*는 흰꽃이 피는 연영초로 흰꽃연영초라고 하며, 연영초 *Trillium kamtschaticum*를 꽃이 크다고 하여 큰꽃연영초라고 부른다. 일본에서 연영초라고하는 식물은 녹색이나 갈색꽃을 피운다. 문제는 일본에는 울릉도에서 보이는 큰연영초가 없다. 따라서 학명에 있어서 다시 검토해야할 필요가 있어 보인다.

연영초 : *Trillium kamtschaticum*

연영초와 더불어 뿌리는 위장병에 약재로 쓴다. 연영초延齡草는 수명을 연장하는 풀이라는 뜻이다. 특별히 식물자체가 수명을 연장시키는데 효과적인 약효가 있는 것도 아니고 한약재로 널리 사용되기 때문에 붙여진 것 같지는 않다. 오히려 뿌리줄기는 위장약 등에 사용하기도 하나 유독식물로 잘못 복용하면 구토 등의 중독 증상을 일으키기도 한다. 잎의 모양이 옛날 고귀한 사람의 뒤에 받쳐주는 비단으로 만든 우산과 비슷하다 하여 붙여진 이름이라고도 하며, 산속 깊은 곳에서 피어나는 이러한 꽃을 보면 마음이 젊어져서 연령이 쭉 늘어날 것만 같은 기분이 들어 붙여진 이름이라고도 한다. 잘 익은 열매는 식용으로도 사용된다. 속명 Trillium은 treis에서 온 말로 3개의 나리라는 뜻으로 잎과 꽃받침과 꽃잎을 3장씩 갖는 데서 유래 하였다.

큰연영초도 개미 등에 의해 종자가 퍼져나간다고 한다. 금낭화나 깽깽이풀도 마찬가지 이지만 종자에는 개미들을 유인하는 오일과 같은 물질을 가진 돌출물이 있어 개미들이 그 물질을 얻기 위해 종자를 이곳저곳으로 운반하게 되고 그 결과 큰연영초는 그 영역을 확장해 나간다. 개미와 큰연영초와의 협력이다. 이러한 지식은 어떻게 얻게 된 것일까? 우리가 학교에서 배웠던 진화라는 과정을 통해 습득한 것일까? 그럼 그렇게 진화하기 전에는 어떻게 번식했단 말인가? 자연에서 저절로 이러한 지식을 습득하기까지는 너무나 많은 시간이 필요할 텐데...

울릉도의 성인봉과 내수전 둘레길을 걷다보면 큰연영초를 만날 수 있다. 육지와 떨어져 있어 사람들의 손이 별로 타지 않아 비교적 생태가 잘 보전되어 있다. 연영초 종류는 개화하는데 10~15년이 걸린다고 한다. 따라서 한번 자생지가 파괴되면 회복하기가 무척 쉽지 않다. 환경부에서는 큰 위협요인이 없다하여 멸종위기 보호종으로부터 해제하였다. 하지만 점점 울릉도를 찾는 사람들이 많아지고 개발에 대한 욕구가 커져가기 때문에 안심할 수만은 없어 보인다.

한계령풀

매자나무과

Gymnospenium microrhyncha Takht

한계령풀은 모단초(牡丹草), 메감자라고도 한다. 깊은 산의 양지바른 풀밭에서 자라는 여러해살이 풀이다. 땅속줄기는 땅속깊이 30~50cm 깊이까지 긴 콩나물 줄기처럼 가늘게 뻗으며, 아래로 내려갈수록 가늘어져 거의 실 같은 줄기 끝에 덩이뿌리가 붙어있다. 그에 비해 줄기는 20~30cm 정도이다. 잎은 1개이며 잎자루 끝에서 3개로 갈라진 다음 다시 3개씩 갈라진다. 꽃은 4~5월에 줄기 끝에 꽃자루가 나와 노란색으로 핀다. 설악산 오색계곡의 한계령 능선에서 처음 발견되었으므로 한계령풀이라고 한다.

"인제가면 언제 오나 원통해서 못 살겠네" 말이 있을 정도로 험하고 깊은 산골인 인제, 그 인제에서도 1시간 이상을 진동리쪽으로 달리다 보면 진동계곡 입구에 도달하게 되고 거기에서부터 계곡을 따라 산길을 오르다보면 곰배령을 거쳐 점봉산에 도달하게 된다. 이 계곡과 산길은 우리나라에서 둘째라고하면 서러울 정도로 온갖 꽃들이 앞 다투어 그 자태를 자랑한다. 그 중에서 겨울 내내 봄을 기다리다 아직 추운겨울 가기도 전에 급한 마음에 살얼음과 쌓인 눈을 뚫고 온산을 노랗게 뒤덮을 정도로 피어나는 꽃이 있으니 그 꽃이 바로 한계령풀이다. 강원도 깊은 산 높은 지역 백두대간에서는 4월경이면 어렵지 않게 볼 수 있는 꽃이다. 함백산이나 태백산 중턱에서도 어렵지 않게 만날 수 있다. 노란 황금색 꽃을 보노라면 '비밀'의 상자 속에 숨겨놓은 '보물'처럼 눈부시다. 개체수가 많아 환경부는 2012년 멸종위기보호식물로부터 해제하였다. 그러나 이 꽃을 보기위해 4월이나 5월이면 수없이 많은 사람들이 산을 오른다. 그들 대부분이 보호종이라는 것을 알고 있었기 때문에 조금은 조심들을 하며 꽃을 대하였지만 공식적으로 보호종으로 부터 해제됨에 따라 보호하여야 한다는 마음이 엷어져 또다시 자생지들이 파괴되는 위험에 부닥치지 않을까 하는 걱정이 앞선다.

황기

콩과
Astragalus mongholicus Bunge

키가 1m 정도로 주로 재배되고 있는 여러해살이 식물이다. 줄기는 똑바로 서며 잎은 5~11쌍의 이루어진 깃털모양의 잎으로 어긋나며 끝이 둔하고 톱니가 없다. 꽃은 7~8월경에 잎겨드랑이에서 엷은 황색으로 피어나며 긴 꽃자루를 가진다. 유사식물로 염주황기, 정선황기 그리고 한라산에서 자라고 있으며 제주황기가 있다.

산지에서 자라는 것으로 되어있으나 우리나라(남한)의 산지에서는 볼 수 없는 것으로 결정하고 2012년 환경부 지정 멸종위기보호종에서 해제하였다. 남한에서는 자연에서 보기 힘들지만 우리의 나라인 북한의 두만강 지역 초원에서는 아직 어렵지 않게 볼 수 있는 식물이다. 황기는 백두산 탐방 중에, 제주황기는 한라산을 등반하는 도중에 우연히 만날 수 가 있었다.

한약명으로는 단너삼이라고 하는데 고삼(도둑놈지팡이)의 뿌리인 너삼과 비슷하나, 너삼은 매우 쓴맛이 나는데 비하여 황기의 뿌리는 단맛이 남으로 단너삼이라고 부르게 되었다고 한다. 황기의 황은 노란색을 뜻하며, 기는 늙었다는 뜻으로 오래 복용하면 장수할 수 있다는 뜻에서 중국에서 붙여진 이름이라고 한다. 뿌리는 한약재로 쓰이며 여름에 허약한 체질을 보충해주는 보양식으로, 그리고 식은땀이 날 때 원기회복에 탁월한 효과가 있다고 하여 사랑받는 약초이다. 몸을 '평온' 하게 해주는 고마운 식물이다. 약초로 사용되는 식물의 대부분은 몸을 평온하게 해준다. 사람도 만나면 마음이 평온하게 해주는 사람이 있다. 우리의 주위에는 사람을 평온하게 하기 보다는 분쟁하고, 시기하고, 분내고, 당 짓고, 분리하는 자들이 더 많아 보이지만, 그럼에도 불구하고 함께하면 마음이 평안해지는 사람이 있다. 그러한 사람은 항상 기뻐하는 사람이다. 우리는 곤고한 사람이다. 자신에게 만족하지 못하고, 주변사람들이 항상 마음 쓰이며 주위 사람에게서 사랑을 받지 못할까보아 걱정하다보면 마음의 평안을 잃어버린다. 사랑이 우리의 입술에서 끊어지지 않고 계속 울려나오지만 대부분은 소리 나는 구리와 울리는 꽹가리에 불과하다. 나는 어떻게 하면 항상 기뻐할 수 있을까? 또 내가 있음으로써 다른 사람에게 평안을 끼칠 수 있을까? 황기는 그 모습이 별로 아름다워 보이지는 않는다. 쉽게 말해 사람들의 마음을 빼앗을 정도로 아름다운 모습은 없어 보인다. 그럼에도 불구하고 황기는 사람의 육체를 다스려 평온함을 준다.

정선황기 : *Astragalus koraiensis*

염주황기 : *Astragalus membranaceus* var. *mandshuricus*

주렁주렁 매달린 오이를 바라보며 얼굴에 함박꽃이 필 아내를 생각하며
토마토가 붉게 물들어 손주들의 손에 쥐어질 것을 생각하며
호미로 땅을 해집으면 주렁주렁 매달려 나오는 고구마를 생각하며
상추잎 한 아름 다듬어 친구의 두 팔에 안겨주는 모습을 생각하며

이제 막 싹이 돋아나는 푸성귀들의 주위를
잡초라고 일컫는 풀들을 제거한다.
그들도 이 세상에 필요에 의해 태어났을 것이건만
나의 마음의 앙금과 미움과 시름들을 대신하여 잡초들이 제거 된다.

단단해진 두어평의 짜투리 땅을 호미로 일구며 평온을 느끼고
온갖 푸성귀들이 잡초와 경쟁하며 자라는 모습을 보며 평온을 느끼고
새는 조롱박에 물을 펴 나르면서도 자라나는 모습에 평온을 느끼고
작고 고와 보이지 않지만 예쁘게 피어나는 꽃에서 평온을 느낀다.

히어리

조록나무과
Corylopsis gotoana Franch. & Sav. var. gotoana (Makino) T.Yamanaka

히어리는 낙엽관목으로 높이 3~5m에 달하며 10m 이상 자라는 것도 있다. 원줄기는 흰색을 작은가지는 황갈색 또는 암갈색으로 밀생한다. 잎은 어긋나고 길이 5~9cm인 달걀 모양의 잎 가장자리에 뾰족한 톱니가 있다. 꽃은 4월에 잎이 나오기 전 연한 황록색으로 피며 8~12개의 꽃이 아래로 주렁주렁 달린다. 밑에 달린 포는 얇은 종이처럼 반투명하다. 열매는 둥글고 털이 많다.

멸종위기식물 2급으로 보호되고 있다. 약간 이국적인 느낌이 나는 이름인 히어리는 순수한 우리말로 히다라는 뜻이다. 나무가 성장하면 껍질이 희어진다고 해서 붙여진 이름이다. 지리산 자락의 순천지역에 십오리(十五里)마다 이 나무가 있다고 하여 전라도 방언으로 시오리나무라고 부르다가 히어리나무로 변하였다고 하며, 이창복 박사에 의해 순천지방의 방언인 히

어리나무로 학계에 발표하면서 히어리로 부르게 되었다고 한다. 이명으로 송광납판화라고도 하는데 송광사에서 발견된 벌집모양의 꽃이라는 의미이다.

영어로는 'Korean winter hazel' 즉 한국겨울 개암나무라는 뜻이다. 잎이 개암나무와 비슷하기도 하지만 개암나무 수꽃의 늘어진 모습과 히어리의 꽃의 모양이 비슷하여 붙여진 것 같기도 하다. 한국 특산으로 순천지역에서 주로 자생하고 있으나 강원도 백운산에서도 자생지가 발견되었다. 이는 주로 따뜻한 남쪽에서만 자라는 식물로 여겼지만 서울 위쪽 비교적 추운 지방까지도 잘 자랄 수 있다는 것을 보여준다. 아직 겨울의 추위가 가시지 않

은 이른 봄, 잎들이 피어나지 않은 가지들만 앙상한 곳에 노란 꽃을 피워 '봄을 노래' 한다. 막 피어난 꽃의 빨간 수술이 어릴 때 불장난 하던 성냥개비 같아 다시 한 번 이 꽃술로 불을 지피면 불꽃이 일어날 것만 같은 유혹을 받게 한다.

유사식물로 일본에서 자라는 도사물나무 *Corylopsis spicyflora* 와 일행물나무가 있다. 히어리처럼 초롱모양으로 꽃이 피며, 일행물나무는 히어리나 도사물나무에 비해 꽃이 작고 줄기에 줄이 그어져 있다. 시골의 생울타리나 관상수로 이용된다.

히어리는 꽃뿐만 아니라 잎도 아름다워 조경수로서 높은 가치를 가지고 있다. 미국에서는 이미 조경수로서 이용되고 있으나 아직 우리나라에서는 별로 잘 알려지지 않아 안타깝기도 하다. 우리의 꽃인 미선나무나 정향나무처럼 외국인의 손에 의해 증식되고 개량되어 거꾸로 역수입되는 일이 다시는 없었으면 하는 마음이 간절한 식물 중의 하나이다.

홍릉 수목원의 도사물나무 : *Corylopsis spicata*

홍릉수목원의 일행물나무 : *Corylopsis pauciflora*

INDEX

찾아보기